————Lazy Ant————
懒 蚂 蚁

# 暗物质与暗能量
## 寻找隐秘的未知宇宙

DARK MATTER
AND DARK ENERGY

The Hidden 95%
of the Universe

[英]布赖恩·克莱格

著

吴　萍

译

重庆大学出版社

献给
吉莉安、切尔西和丽贝卡

# 目录

# 1

## 眼见并非为实

▶▶▶

## 1. 宇宙深处的秘密

宇宙浩瀚无垠：以人类能直接体验到的任何事物的规模来衡量，宇宙之大都令人惊叹。说实话，我们真不知道宇宙到底有多大，尽管我们能看见的部分直径约为 910 亿光年。考虑到 1 光年（光在 1 年中传播的距离）约为 9.46 万亿千米（5.9 万亿英里）[1]，这是一个相当长的距离。宇宙中有数以亿计的星系，大多数星系包含数以亿计的恒星，因此宇宙空间里充满了大量物质。然而，在 20 世纪，我们对宇宙本质的认知遭遇了两大挑战，这意味着我们曾以为充斥宇宙空间的所有物质似乎只占宇宙全部质量的 5% 左右。

曾经，我们对宇宙构成的认识很简单。古希腊哲学家亚里士多德在已有的四元素说（物质由土、水、气、火四种元素组成）的基础上，增加了第五种元素，即精质，或称以太，他认为以太构成了亘古不变的天体。随着天文学和科学的发展进步，人们发现亚里士多德的理论模型有明显的缺陷。到 19 世纪，恒星中存在的化学元素已经可以被探测到，它们被证实和地球上发现的完全相同。到 20 世纪中叶，古老的五种元素已经被元素周期表中约

---

1　为了感受 1 光年的距离，要旅行 1 光年，你必须环绕地球大约 236 500 000 圈。

94 种自然元素取代，每一种元素都由非常少的基本粒子组成：质子、中子和电子。

尽管 20 世纪后期，人们发现质子、中子有更小的组成部分，人们依然相信万物皆由几种基本粒子构成，然而一系列事件打破了这一简单化的局面。如果科学有戒律，它便是："事物远比我们想象的复杂。"人们曾以为宇宙中的所有物质皆由几种物质粒子、光和四种基本力[1]构成，这种想法经不起时间的考验，怪事开始渐渐显现出来。

科学经常被误解为收集事实。虽然科学确实包含收集事实，但这不是科学的真正核心。正如美国生物科学家斯图尔特·法尔斯坦（Stuart Firestein）在他的《无知》（*Ignorance*）一书中指出的，我们已有的知识对科学并不重要："科学家不会陷入事实的泥沼，因为他们不太在意事实。他们并非低估或忽视事实，只是不把事实本身当作目的。他们不止步于事实，而是从事实出发，超越事实，发现未知。"

1933 年，一位瑞士天文学家——弗里茨·兹维基（Fritz Zwicky），颠覆了人们对宇宙构成的认知。

---

1 这四种基本力是引力、电磁力、强核力和弱核力。

## 2. 兹维基的异常星系

　　人们普遍认为，兹维基是有个性的人。1898 年，兹维基出生于保加利亚的瓦尔纳，他的父亲是一位颇有影响力的商人和有瑞士血统的政治家，他六岁时被送往瑞士和家人一起生活。兹维基在爱因斯坦的母校——苏黎世联邦理工学院（Eidgenössische Technische Hochschule）学习数学和物理。尽管兹维基一直是瑞士公民，但他职业生涯的大部分时间都是在美国加州理工学院（California Institute of Technology）度过的，自 1925 年起他就在那里工作。

　　就像他年轻的同行——英国天体物理学家弗雷德·霍伊尔（Fred Hoyle）一样，兹维基以丰富的想象力闻名，在天体物理学和宇宙学中提出了许多大胆的想法。不可避免的是，其中一些概念不过是猜想。事实上，即使到了 20 世纪 70 年代，物理学界依然流行这样的言论，"猜想，更多的猜想，然后诞生了宇宙学"。但即使按照宇宙学的标准，兹维基的一些想法也是稀奇古怪的。

　　和霍伊尔一样，兹维基出色的想象力并未妨碍他获得惊人的关注。他和德国天文学家沃尔特·巴德（Walter Baade）一起，成为第一批认真考虑中子星概念的人。中子星是恒星发生引力坍缩之后形成的非常密集的中子[1]集合体。他创造了"超新星"一词，用来形容导致形成这种星体的爆炸，并发现了许多超新星[2]遗迹。

　　兹维基的另一个重要贡献源于爱因斯坦的广义相对论。广义相对论描述了物质和时空之间的相互作用——物质扭曲了它附近的时空，产生了引力效应。广义相对论的固有观点是，当光线通过被物质扭曲的空间时，大质量物体会导致光线弯曲。正如美国物理学家约翰·惠勒（John Wheeler）所言："时空告诉物质如何运动；物质告诉时空如何弯曲。"兹维基意识到，这种效应与一种古老的光学设备——透镜产生的效应相似。

　　我们使用透镜（拉丁语中"扁豆"的名字，因为它们的形状相似）时，光线照射到透镜玻璃的不同厚度处，光线的传播路径会发生不同程度的偏折。当透镜边缘距离透镜中心越来越远时，圆形镜片会使光线的传播路径发生越来越大的变化，因为透镜的玻璃表面与入射光线的夹角越来越大。这意味着透镜会将不同的点的光线汇聚起来并聚焦。

---

1　在原子核中发现的电中性的粒子。
2　超新星一词在本书中经常出现，因此我想要解决一个有争论的问题。"nova"在拉丁语中是"新"的意思，"nova"的拉丁文复数形式是"novae"，超新星"supernova"的复数形式通常为"supernovae"。然而，"supernova"不是一个拉丁词（如果是的话，它应该是一个形容词，而不是一个名词），因此，我更喜欢用"supernovas"这个复数形式。

考虑到透镜的工作原理，兹维基意识到一个极其巨大的物体，比如一个星系，可能会对通过的光线产生类似的影响。如果我们想象光线来自星系后面的遥远物体，一些光线会试图绕过星系边缘。但星系的巨大质量会使光束从四面八方向内弯曲，使光线在星系前面很远的地方聚焦。如果我们的位置合适，并且图像的投射方式不会被星系的光线干扰，那么这种"引力透镜效应"就意味着我们可以利用居间星系看到非常遥远的物体，就好像它是一个巨大望远镜中的透镜一样。

引力透镜涉及我们能看到的东西——星系，它对通过的光有引力效应。然而兹维基最伟大的发现涉及一种引力效应，这种效应似乎来自一种看不见的物质。他一直在研究一个被称为后发座星系团（Coma Cluster）的星系群。星系是巨大的天体——例如我

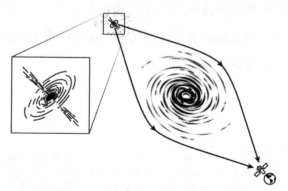

来自遥远物体的光被充当引力透镜的居间星系聚焦。
（改编自 ESA/ATG medialab 发布的一张图片）

们的银河系，一个很普通的星系，直径就超过 15 万光年。每个星系都有数以亿计的恒星，它们对周围环境有巨大的引力影响，因此很容易与其他星系形成星系团，并由引力维系在一起。

后发座星系团距离我们 3.2 亿光年，包含超过 1 000 个星系——它属于离我们最近的超星系团，正好可以借助银河系（属于室女座超星系团，Virgo Supercluster）的引力透镜效应来观察，这不可避免地引起了天文学家的极大兴趣。然而，当兹维基 1933 年开始分析星系团的行为时，他发现了一些奇怪的现象——它不应该聚合在一起。

总的来说，宇宙万物都在旋转。我们对太阳系里的这种情况很熟悉。地球每天绕其自转轴自转一次，每年绕着（旋转的）太阳旋转一次，其他行星也在旋转，各自有不同的周期。行星、恒星、星系、星系团都在旋转，这是它们的形成方式导致的结果。这些结构是由气体和尘埃组成的云团在引力的作用下聚集在一起形成的。如果这些云团在空间中完全对称地分散，那么它们可能会在不旋转的情况下坍缩。事实上，更有可能的是云团在空间的分布一边多另一边少，当物质被向内吸引时，这种不平衡导致整个物质集合开始旋转。

因此，后发座星系团的旋转也就不足为奇了。兹维基将星系团旋转的速度与星系团中物质数量的近似值结合起来——结果让他惊诧不已。看上去星系团旋转得如此之快，好像是要散开了，就像放在快速转动的陶轮上的一块位置不佳的黏土。引力只能使物体以正确的速度在轨道上运行，如果绕轨道运行的物体速度太快，它就会超过系统的"逃逸速度"而飞走。根据兹维基的计算，后发座星系团的旋转速度不是快了一点，而是快了很多倍。

兹维基估计这个星系团需要 400 倍于已知质量的质量才能保持稳定（自从兹维基的时代以来，这个数字已经减少了，但是相对于假定的物质总量，星系团旋转的速度仍然太快了）。他断定，这只可能是由于星系团中大量无法被探测到的物质造成的。他在德语中称这种未知物质为 *dunkle Materie*，翻译过来就是暗物质。

如此重要的结论在当时基本上被忽视了，这似乎有些奇怪。事实上，兹维基以创造性著称的缺点就是，虽然他的想法通常被人注意到，但并不总是能被进一步采纳。人们可能认为，这种影响比兹维基计算的要小得多。请记住，它需要计算至少一千个遥远星系中的物质总量，每个星系中都有大量的恒星，大量的估算（对有根据的猜测的科学表述）不断涌现。

另外，兹维基关于暗物质的想法在当时听起来并不像今天这么令人兴奋，任何暗物质在当时的所指都仅仅是这样的——恰巧是黑暗的普通物质。它被认为是尘埃、低能量输出的恒星、行星以及其他一些利用可观测的发光物质做探测而没有考虑到的物质的组合。这甚至不是一个新的概念——1904 年，苏格兰物理学家威廉·汤姆森（William Thomson），又称开尔文勋爵（Lord Kelvin），对银河系的自转进行了类似但不太引人注目的观测[1]，观测结果显示银河系中相当数量的物质是暗的。同时期的其他天文学家，尤其是荷兰天文学家简·奥尔特（Jan Oort）在 1932 年也得出了相同的结论。

　　不过，后来人们会意识到，即使加上黑洞这一奇特的概念，不发光的普通物质也无法提供足够的质量来解释这种奇怪的行为。宇宙中有新的、不同的物质，比普通物质多得多。暗物质来了。

## 3. 宇宙膨胀的困境

　　到 20 世纪 90 年代，广义相对论带来的冲击仍在天体物理学家和宇宙学家的小世界中回荡，它可谓是人类宇宙学在 1929 年以前取得的最大突破。1929 年，美国天文学家埃德温·哈勃（Edwin Hubble）发表了星系红移的数据。稍后我们再谈红移测量，这是一种识别发光物体速度的方法。哈勃的数据表明，除了一些局部的例外，所有星系都在远离我们的银河系。一个星系离我们越远，

---

1　法国数学家亨利·庞加莱（Henri Poincaré）在提及开尔文勋爵的计算时，甚至已经使用了"暗物质"一词，庞加莱把开尔文勋爵所指的失踪物质称为"物质模糊"。

它的红移越大——它的退行速度越快。当哈勃把这些数据绘制在图表上时，这种关系大致呈直线性增长，这一观测结果被称为"哈勃定律"。尽管哈勃本人从来没有对他的数据做过很多解释，只是很乐意收集它。

这些数据被用来证明宇宙在膨胀这一观点是正确的，这一观点现在已作为常识被我们普遍接受。但有一件事是未知的：宇宙膨胀放缓的速度有多快？由于引力的影响，膨胀速度减缓似乎是不可避免的。根据广义相对论，宇宙中所有物质的引力效应应该能抵消膨胀，宇宙膨胀的速度似乎不可避免地会逐渐减慢。

这种"刹车"效应有两种可能的结果。如果宇宙膨胀的速度不够快，它最终会被克服，宇宙就会开始收缩，导致一场被称为大收缩（大爆炸的反面）的巨大碰撞。如果膨胀速度太快，引力无法完全克服，那么星系之间相互远离的速度就会减慢，但永远不会逆转，导致宇宙永远变稀薄。

直到 20 世纪 90 年代，还没有一种好的方法来测量遥远星系的距离有多远，也没有一种好的方法将红移信息与它们退行的速度联系起来。但到那时，基于对一种特定类型超新星行为的理解，新技术已经能把距离与红移结合起来，更好地了解宇宙膨胀速度是如何放缓的。1997 年，两个团队竞相获得足够的数据来量化这一点。

　　两个团队几乎同时得出结论，结果令人震惊。所有的证据都表明，宇宙膨胀的速度并不是随着时间而减慢，而是在加快。某种未知的物质正在增加能量来驱动宇宙的膨胀，加速星系彼此分离的速度。迷雾尚未揭开，天体物理学家从美国宇宙学家迈克尔·特纳（Michael Turner）那里借用了术语，称之为暗能量现象。这个名字让我们对所涉及的一切一无所知，它也可以被称为因子 X 或 unizap。

　　随着更多的数据出现，我们有可能估算出宇宙加速膨胀所需的能量。从局部来看，影响很小。要提供这种加速度，每立方米的空间需要不到一焦耳的能量[1]。但如果把整个宇宙膨胀所需的能量加起来，那就需要巨大的能量。多亏了爱因斯坦提出的质能方程 $E=mc^2$，我们可以把物质的能量和质量关联起来。如果我们将所需暗能量的估计值转换成质量，那么暗能量中的质量 / 能量大约是宇宙中所有常见可见物质的质量 / 能量的 14 倍，或者说大约是普通物质和暗物质总和的两倍。

---

1　小于使典型的低功率 LED 灯泡发光 1/5 秒所需的能量。

## 4. 黑暗盛行

如果暗物质和暗能量的理论是正确的，那么宇宙中约 27% 是暗物质，68% 是暗能量，只剩下约 5% 是我们直接观测到的一切。这是个大问题。然而，这些现象的性质仍在争论之中。暗物质甚至可能不存在。暗能量的规模根据测量方式的不同而不同，与我们最精确的物理理论——量子力学完全不一致。可以说，这是现代科学最令人兴奋的一面。

在我们能够理解暗物质和暗能量研究背后的科学之前，我们需要了解一些关于宇宙的基本知识，它的构成以及它是如何运作的。还有什么地方能比从最古老的科学学科之一开始更合适呢？那就是在不离开地球的情况下探索宇宙的奥秘。

# 2

## 探索宇宙

▶▶▶

## 1. 忘记宇宙飞船

我是太空探索的忠实粉丝——我相信这是我们人类需要做的事，一方面，为了满足人类开疆拓土的需要；另一方面，假如有一天地球不再适合居住，给人类准备好一个撤离地球的路线。但要了解我们的宇宙，传统的探索永远不会是一种实用的方法。这本书开篇介绍了宇宙的大小，但是这个尺度很难把握。让我们考虑一下质量和大小均小于太阳、离地球第二近的恒星——比邻星（Proxima Centauri）。

比邻星离我们大约 4 光年远，与银河系 15 万光年的直径相比，这是很小的距离。但从人类的角度来看，这仍然相当遥远。人类制造的载人航天器达到的最快速度是由"阿波罗 10 号"创造的，速度为 39 896 千米 / 小时。这听起来很快，但只是光速的万分之0.37。以这样的速度，需要花超过 10 万年的时间才能到达比邻星。

从某种意义上说，这个说法有点天真：人类对宇宙的探索始于 1957 年 10 月 4 日，当时苏联发射了第一颗人造地球卫星"斯普特尼克 1 号"（Sputnik 1）——直径不到 60 厘米（约 2 英尺）的脆弱金属球上有 4 根天线，这是人造物体第一次真正进入太空。尽管最初是出于政治目的发射的，但该卫星确实提供了少量的科学数据。这颗人造卫星的质量为 83 千克（约 183 磅），其中 51 千克是电池，总体上推进器的推力和有效载荷不匹配。在接下来的 50 年里，我们陆续看到有探测器去往月球、火星和外太阳系，人类进行载人登月探险，并在近地轨道上建立一系列载人空间站。

　　然而，尽管人类从未走远，我们也不应低估卫星对增进我们对宇宙的了解的价值。一些最令人印象深刻的太空探险者是人造卫星"斯普特尼克 1 号"的接班人，携带仪器的无人卫星极大地扩展了我们的知识面。哈勃太空望远镜、宇宙背景探测者（COBE）卫星和威尔金森微波各向异性探测器（WMAP）卫星等创新技术是真正代表人类的宇宙探索者。它们秉承了视觉探索的传统，这种传统可以追溯到比任何太空飞行都要久远的时候——追溯到伽利略的望远镜和托勒密对天空的观测，再追溯到早期人类的肉眼观测。

　　说到探索宇宙，我们可能会想到各种各样的宇宙飞船。但光才是我们利用的最主要的手段。自从人类抬头仰望星空，对星空的美丽感到好奇之后，人们就一直以这种方式探索宇宙。人们可以用肉眼看到仙女座的 M31 星系，如果天空足够暗，仙女座星系看起来像天空中的一个模糊的污点，位于离仙后座 W 最近的星座一侧。望远镜显示，这一污点实际上是一个巨大的螺旋星系，即使仅靠肉眼也能让早期的天空探索者在距离 250 万光年的太空中看到它。与此相比，我写作本书时人类走过的最远距离——到达月球，约为 375 000 千米。忘记光年吧，那是 1.25 光秒。

更重要的是，除非我们提出类似于《星际迷航》中的翘曲技术，否则光（或类似物，如引力波和中微子，它们以光速或接近光速运动）仍将是我们探索宇宙的主要手段。光是目前已知的传播速度最快的物质。如果我们能以一半的光速行进（这是以目前的技术无法想象的），到达仙女座星系仍然需要 500 万年的时间。但是我们可以看到仙女座，因为光已经使我们踏上了旅程——我们不需要任何旅行时间。我们永远不会亲自探索大部分的宇宙，但光让我们可以看到遥远距离之外的天体。

自从伽利略第一次用望远镜发现肉眼看不见的天体以来，我们已经取得了长足的进步。我们现在使用的是电磁辐射的整个频谱——无线电、微波、红外线、X 射线等，其中可见光只是很小的一部分。有了这些非凡的视觉探索引擎，我们可以冒险去体验宇宙中那些奇怪的角色——黑洞和暗物质，超新星和类星体。这是前所未有的探索。

## 2. 最初的想象

宇宙学，正如我们所见，是把宇宙作为一个统一的物体的科学，结合了对支配整个宇宙的法则的研究。当然，宇宙学的这个定义假设了我们知道"宇宙"是什么。英语"universe"一词来源于拉丁语"universum"，意思是"转为一体"。在实践中，我们正在处理的问题是清楚的。宇宙是物理上存在的一切，从最小的粒子到最大的星系。它包含了所有的物质，所有的能量，作为一个整体聚集在一起，就好像这个集合本身就是一个实体。这是一个令人印象深刻的概念，人们很自然地会问一些关于它的问题。

从最早的时代开始，创世神话被用来解释"万物"的来源。人类天生就是讲故事的好手，创世神话是讲故事，不是科学。然而，重要的是要明白，我们称这些故事为"神话"并不是在侮辱它们，也不是在侮辱那些认为它们神圣的人。神话是有意义的故事。它是一种机制，可以提供关于深层问题的信息，比如"我们为什么在这里？"或者"一切都是从哪里来的？"神话不是历史——它是一种帮助理解今天的现实的方式，通过一个故事把我们与过去联系起来。

对于早期创世神话的作者来说，宇宙就是地球和天空。陆地、海洋和天空占据了所有空间。是的，那里有一些奇怪的东西，像太阳、月亮和星星——但这些是天空的居民，就像动物和人类是陆地的居民一样。以现代的理解，创世神话的逻辑似乎让人困惑。但是绝大多数早期的创世神话都有一个共同点——造物主。关于宇宙最大的问题之一，宇宙是如何形成的，答案几乎都是有人创造了它。

这个答案既不荒谬也不愚蠢。在这些神话形成数千年后，维多利亚时代一位名叫威廉·佩利（William Paley）的牧师用同样的论据来解释生物是如何形成的。佩利说，如果你在海滩上发现一块手表，你不会认为它是自然和随机出现的，它的结构太复杂，功能也太多。相反，你会认为是钟表匠创造的。同样地，面对复杂浩瀚的宇宙，人们的明显反应是："只有有人创造了它，它才可能是这样。"

就像在他们之前的其他文明一样，古希腊人也有他们的创世神话。但是在我们理解宇宙的故事中，他们是第一个走得更远的。有人认为，古希腊人的做法可能反映了他们自由的城邦联盟，没有中央权威，这比一个等级制度严格的社会更容易形成质疑的哲学。从公元前 6 世纪开始，古希腊人不再满足于认为宇宙的运行是神的旨意，而是开始探寻宇宙创造者使用的实用机制。

## 3. 哲学家眼里的宇宙

第一个真正的古希腊哲学家通常被认为是公元前 624 年左右出生于米利都（Miletus）的泰勒斯（Thales），他主张为观察到的现象寻找自然而非超自然的原因。也许最早的"科学"宇宙学——建立在物理力和结构上的宇宙及其起源的自洽图景——来自泰勒斯的学生阿那克西曼德（Anaximander）。公元前6世纪上半叶，阿那克西曼德出生于安纳托利亚（现在土耳其的一部分）的米利都，他没有挑战神的存在；然而，他对宇宙的看法是基于简单的观察的。

不像许多创世神话中描述的宇宙起源于水，阿那克西曼德更倾向于宇宙起源于一片混沌的火海。这有一个重要的优势——有利于他解释一种熟悉的自然现象，阿那克西曼德想解释天空中的光——太阳、月亮和星星。他认为原始的火海仍然在那里，但是宇宙被一个巨大的外壳（奇怪的是，这个外壳是圆柱形的而不是球形的）保护着。外壳上有洞口，火光从这些洞口逸出，提供了天体的光线和太阳的热量。

不过阿那克西曼德和他的同辈们并没有详细研究宇宙的结构，经过多年的争论，最著名的古希腊哲学家亚里士多德提出了宇宙的结构模型。他的宇宙模型是公元前4世纪在柏拉图学院提出的，得到了大家很大程度的认可，经过一系列修正，沿用了大约2 000年。如果你发现亚里士多德的宇宙学难以令人信服，请记住，长久以来，没有其他的宇宙模型得到如此长久的支持。这可能是错误的，但它有一种宏伟的逻辑。

亚里士多德把地球牢牢地放在宇宙的中心，一直处于静止状态，这不仅仅是一个自我中心的问题。不言而喻，地球并没有移动——否则我们肯定会感觉到。亚里士多德关于万物如何运动的观点，从一块坠落的石头到一根升起的烟柱，全取决于此：重的东西被重力（gravity）拉向宇宙的中心，轻的东西则由于轻力（levity）而远离宇宙的中心。如果地球不是宇宙的中心，那么重物就会飘向空中，而不会固定在地球上。

在亚里士多德的模型中，地球周围是一些无形的水晶球面，一层层嵌套在一起。第一个球面上悬挂着月球，然后依次是金星、水星、太阳、火星、木星和土星，最后是支撑恒星的球面。这并不意味着恒星是固定的——它们的球面会转动——它们会一起移动，而行星（这个名字来自希腊语，意思是"流浪的恒星"）则分别在外球面上移动。

上帝在这种情况下仍然扮演着一个角色。每个球面都驱动着里面的另一个球面不停转动，但必须有某种东西驱动着外球体，即恒星的球体，从而驱动整个宇宙。那就是"原动力"，一个神灵。在宇宙的界限内，万物像上了发条一样，在上帝的驱动下不断运动，虽说如此，亚里士多德的宇宙模型在一定程度上仍属于一种科学的宇宙论。

在亚里士多德的模型中，恒星发出的光可能来自宇宙之外，但他却不这样认为。亚里士多德认为，太阳是所有光的来源。其他一切——月亮、行星甚至恒星上的光都是反射的太阳光。他指出，当地球位于月球和太阳之间时，月光就会消失，同理，行星上的光也会消失。他还认为地球的阴影不能延伸到水星上，因此它不会使恒星失去光芒。

以现代眼光来看，亚里士多德眼中的宇宙是非常渺小的。它仅仅是一个外围被恒星环绕的重新排列的太阳系。但是，当另一个古希腊哲学家阿基米德在计算整个宇宙的大小时，他发现，与希腊或者地球任何其他地方相比，亚里士多德眼中的宇宙仍然算得上是个非常广袤的空间。这是人类第一次认真地尝试计算一个值，这个值将成为估计暗能量规模的基本要求。

阿基米德并没有做毫无价值的猜测，他有一个认真的打算。他比亚里士多德晚100年左右出生，是一个更务实的哲学家。他沉迷于复杂的数学，几乎发明了微积分，他设计了各种各样的机械装置，有抽水螺旋泵，也有巨型曲面镜（如果有人造出了这样的镜面，就会形成第一束死亡光线，可以把太阳的热量集中在一艘木船上让它置身火海）。

阿基米德在他的一本名为《数沙者》（*The Sand-Reckoner*）的小书中计算出了填充宇宙所需的沙粒数。他不仅把这当成一种娱乐，似乎也是想阐明如何去扩大数字系统。古希腊数学受到了很大的限制，因为他们常用的最大数字就是1万（10 000），如果你想记录一个很大的数字，你可以用1万万（即1亿），仅此而已。阿基米德则设计了一个数字系统——从 1 亿开始，逐渐发展到极大的数字。

为了计算出填充宇宙需要的沙粒数，他必须首先算出宇宙有多大——这是我们认为有趣的部分。阿基米德运用了一系列基本假设，比如地球比月球大，太阳比地球大，再加上一些几何图形，他算出宇宙的直径约为 100 亿斯塔德（stade）。这是一种基于体育场跑道长度的测量方法，遗憾的是，很难确定它所代表的距离。一般而言，一个斯塔德有 600 英尺，但不同城市对英尺的定义不同。但是，一个斯塔德平均约有 180 米，因此他算出宇宙直径约为 18 亿千米（约 11.2 亿英里）。

我们现在知道，18 亿千米大约是土星轨道的大小，考虑到测量的不确定性，加上我们在前面看到的，古希腊的宇宙实际上就是太阳系，这对太阳系的大小来说完全不是一个糟糕的估计。另外，阿基米德还指出，天文学家阿里斯塔克斯（Aristarchus）写了一本书，书中有一个激进的观点：地球绕着太阳转，而不是太阳绕着地球转。不幸的是，这本书已经遗失了，阿基米德是已知唯一提及这一想法的人。

因为日心说改变了他的几何结构，阿基米德估计这个版本的太阳系将大 1 万倍左右，直径可达 18 万亿千米，这将包含太阳系的主要行星。阿里斯塔克斯把太阳放在宇宙中心的想法似乎已基本被遗忘。亚里士多德的模型继续沿用到 16 世纪——但是不久之后，万物在完美球体中转动的简单观点就不得不被修正，以符合天文观测。因为有一些行星行为异常。

如果你想画出火星穿过天空的路径，根据亚里士多德的图，你会期望它沿着一条连续的路径运动，围绕地球形成一个圆。现实却迥然不同，火星在一个被称为逆行运动的过程中逆转其路径。它在天空中进行缓慢的回环运动。我们现在知道，这种明显相矛盾的运动是因为火星和地球都是围绕太阳运行的，它们在不是同心圆的轨道上以不同的速度运动。结果，从地球上看，当地球超过火星时，火星的轨道会自动回环，但这在亚里士多德的模型中是不可能发生的。

为了解释这种奇怪的运动，有人提出，像火星这样的行星，不是简单地绕着地球转动，它同时绕着一个叫作本轮的小圆转动。这就好像火星的球体外围还有另一个更小的球体，而这个更小的球体也在转动。所以，这个小球体绕着火星转，同时，这个小球体和大球体一起绕着地球转动，从而产生人们观察到的回环运动。即使这样解释，也不完全符合观测结果，所以有人认为这些大球体不是绕着地心转动，而是绕着离它稍远的一个点转动，大球体的转动轨道就被称为偏心轨道。

这种对宇宙的描述一直延续到伽利略时代。生于 1564 年的伽利略·伽利雷（Galileo Galilei）并不是大发现时代第一个将太阳置于宇宙中心的人。波兰天文学家尼古劳斯·哥白尼（Nicolaus Copernicus）早在几十年前曾用以太阳为中心的模型来解释行星运动的复杂性。与伽利略同时代的德国人约翰尼斯·开普勒（Johannes Kepler）进一步采纳了哥白尼的观点，他意识到，如果设想行星围绕着椭圆、压扁的圆运行，而不是古希腊人（和哥白尼）使用的完美圆，他可以更好地模拟行星的行为。他还发现，如果行星以这样的方式移动，要确保一条连接行星和太阳的直线能在相等的时间扫过相同的面积，那么当行星在椭圆轨道上靠近太阳时，它的移动速度会更快。他的发现和推测可以与丹麦天文学家第谷·布拉赫（Tycho Brahe）对行星运动的定时观测数据相匹配。

伽利略因推广哥白尼的日心说而受到审判，他添加了一些逻辑来支持太阳而非地球是宇宙的中心的观点。如我们所见，古希腊模型建立在万物围绕地球旋转的基础上。伽利略制作了一台早期的望远镜，并用它研究了天空。他发现有 4 颗卫星围绕木星运行[1]，这里有直接的证据表明并非所有的东西都围绕地球旋转。伽利略因藐视宗教权威而受到了惩罚，但这无法消除将太阳置于宇宙中心的模型，扔掉那些复杂、凌乱的本轮实在太有意义了。从

---

1　实际上，木星的卫星要多得多，至少有 79 颗。伽利略发现了最明显的 4 颗。

17 世纪开始，人们开始接受现在为我们所熟悉的太阳系结构。

恒星不再被认为是在水晶球上，尽管这带来了一个新的问题。它们如何停留在上面？如果行星只是悬挂在太空中，是什么让它们围绕太阳旋转？艾萨克·牛顿把这归结为引力，一种奇怪的力，它以某种方式作用在一定距离上，以保持行星（和我们）的位置——这需要阿尔伯特·爱因斯坦来解释引力是如何运转的。

尽管详细的解释要等到 20 世纪，但一种新的景象已出现了。宇宙图景正在展开，有行星、恒星等。但它们是什么，又是从哪里来的呢？为了理解暗物质为何如此重要，在我们首次发现暗物质的影响之前，了解宇宙的构成是非常重要的。

## 4. 建立你自己的太阳系

宇宙中散布着物质，主要是气体氢、氦和尘埃。想象一下这些物质云在太空中漂浮，没有天气，没有一点风吹动这些物质。但是引力是存在的，虽然气体原子和尘埃粒子之间的力是绝对微小的，但是每一点物质都被其他物质所吸引。那些相对较近的物质将会缓慢地，在亿万年的时间里，开始向彼此移动。最初，在任何特定部分都只存在极少量的物质，但随着时间的推移，这些碎片将开始聚集。

一旦某些物质聚集在一起，就会产生更大的引力，将更多的气体拖入其中。如果有足够的物质，就会产生一个非常重的物体。所有的物质都在互相挤压。随着越来越多的物质粒子撞击到物体中，它们在引力作用下产生的动量变成热量（想想搓手吧——运动的动能通过摩擦转化为热能）。经过极其漫长的时间，不断增大的球体将开始变热。

经过几百万年的升温，球体将达到一个临界点。在这个阶段，三种物质结合在一起，产生了显著的反应。正如太空中最常见的物质一样，这个球体最常见的组成成分将是最简单的元素——氢。由于一个包含数十亿吨物质的物体的引力，氢原子（或者更准确地说，氢离子，即被高温剥离了电子的氢原子）将在高压下被推到一起。这个不断增大的球体的核心温度将会飙升，还会发生一些非常了不起的事情。

像氢离子这样的粒子不遵循我们对人或房子大小的物质的预期规则。它们是量子粒子，不遵循普通的力学，而是遵循量子力学，即 20 世纪上半叶发现的微观粒子运动的规律[1]。量子粒子的

---

1 量子力学揭示了构成一切的微观粒子的行为，它们的行为与我们周围熟悉的物体大不相同。量子粒子的性质，如位置或动量，有一个范围的值，而不是一个固定的量，直到它们与另一个粒子相互作用。粒子被认为是处于量子态的"叠加"状态，这意味着所有存在的都是该属性具有每个可能值的概率。这种行为产生了被"量化"的属性——以块的形式出现，而不是从一个连续的范围中选择。更多细节，请参见作者的《量子时代》（*The Quantum Age*，2014）。

一个特性是，在它们与某些物质相互作用之前，它们的确切位置是不确定的。这种位置的不确定性意味着量子粒子可以从一个地方跳到另一个地方，而不必穿过中间的空间，这一过程被称为量子隧道。

带正电的氢离子因为电磁力互相排斥，即使在已经形成的温度和压力下，它们也无法靠得足够近而产生相互作用。但是通过量子隧道，其中一小部分离子会跳跃到离另一个离子相当近的地方。当它们靠得如此近时，只在极短距离内起作用的强核力就会接管它们，把它们吸引在一起的强度比电磁力排斥它们的强度还要大。超过这个极限，（在一个稍微复杂的多阶段过程中）氢离子融合形成一种新型离子——氦离子，元素周期表中的下一个元素。

在这个过程中，少量的质量被转化为能量。有一个方程能告诉我们，当质量变成能量时，我们能得到多少能量。这可能是历史上最著名的方程，它就是 $E=mc^2$，其中 $E$ 是能量，$m$ 是质量，$c$ 是光速（所以，能量等于质量乘以光速的平方）。光速很大，所以即使是很小的质量也会产生巨大的能量。如果你能把一千克的物质转化成能量，在瞬间产生的能量就相当于一个典型的发电站在六年内产生的能量。一旦核聚变过程开始，就会产生大量的能量。它以电磁辐射——光的形式释放出来。一颗恒星就形成了。

恒星是宇宙的主要组成部分。晚上看看天空，除了月球和少量行星外，你只能看到恒星。有了足够强大的望远镜，我们可以分辨出几十亿个恒星。行星和月球是反射太阳的光，跟它们不同，恒星是大自然的灯。恒星的责任远不止这些：随着时间推移，它们也是生产越来越重的元素的工厂。有些恒星在年老时会爆炸，给恒星之间的气体中加入更重的尘埃。

如果由物质云形成的唯一物体是恒星，宇宙仍然会是一个令人惊奇的地方，但它周围没有其他物体。据我们所知，任何形式的生命都不可能存在于恒星上或恒星内。但并不是所有恒星附近的物质都会被吸入太空中这个巨大的核熔炉中，尽管绝大多数物质将会被吸入这个大熔炉中——例如，太阳包含了太阳系中99%以上的物质——但仍会在恒星周围留下相当数量的物质。

随着时间的推移，这种物质可能也会落入恒星，但正如我们所见，就像宇宙中的一切，当太阳系开始形成时，其中的物质会旋转。恒星周围的物质最终像比萨面团一样，在双手之间旋转——它在恒星周围形成一个圆盘，称为吸积盘。在这个圆盘中，类似于恒星形成的过程也在发生。粒子被吸引在一起，形成越来越大的形状，最终形成行星（原则上，可能会形成另一颗恒星，这种情况经常发生，结果会形成一个双星系统，两颗恒星环绕对方运行）。

第二代或更晚一代恒星周围，圆盘部分将倾向于产生岩石行星，如地球。在重物质较少的地方，行星的组成将更像太阳，主要是气态的，但没有足够多的物质达到足够大的质量从而引发聚变反应。其结果将是形成一颗主要由气体组成的行星，如木星或土星。尽管行星的加热不会像恒星那样，但它们会以与新粒子撞击它们的过程相同的方式升温，通常会变得足够热而产生熔融核，如果行星中有足够的放射性元素来保持热量流动，则可以保持熔融状态（正如地球一样）。

那么，这些就是中等规模宇宙的基本组成部分——行星和恒星。在很长一段时间里，这一直被认为是宇宙的最大组成部分，但自18世纪以来，人们一直怀疑天空中有一些模糊的斑块，这些斑块最终被称为星系。如果不是因为同样的旋转效应，使恒星周围的物质不坠落，那么在万有引力的作用下，一个星系中所有的恒星就会逐渐被拉到一起，形成一个令人难以置信的大团。但就像恒星一样，星系也在自转，这使它们保持着圆盘状的结构，通常是螺旋状的，就像一股旋转的液体流向塞孔一样。

还有星系的集合——星系团和超星系团——在宇宙中形成更大的结构，比如让兹维基警觉到暗物质可能存在的后发座星系团。但星系的加入给了我们构建宇宙的基本构件，位于万物中心的恒星，围绕恒星形成的行星，以及由恒星组成的星系。当然，宇宙"动物园"里还有很多其他的居民——我们稍后会遇到它们——

但是我们现在已经遇到了我们开始思考物质所需要的东西，并在一定的背景下可以理解弗里茨·兹维基对暗物质的奇怪发现。

幻影星系，最初被归类为梅西耶 74 号星系，一个巨大的螺旋星系，距地球 3 200 万光年。

图片来源：美国国家航空航天局（NASA），欧洲航天局（ESA），哈勃遗产团队 [ 太空望远镜科学研究所（STScI）/ 大学天文研究协会（AURA）]

# 3

## 失踪的物质

▶▶▶

## 1. 物质的本质

宇宙可能是一个大得惊人的地方，但是从科学的角度来看，构成整个宇宙的组件似乎像孩子一样简单。据估计，我们所看到的宇宙中大约有 $10^{80}$ 个原子。也就是 1 后面有 80 个 0，这是一个令人满意的大数字[1]。然而，几乎所有的物质都是由 94 种元素组成的（化学迷们可能还会辨认出 20 多种元素，但在这里它们是不相关的，因为它们不是自然元素）。

我们已经对这些元素是如何产生的有了一个合理的想法。宇宙中所有的氢以及少量其他非常轻的元素（如氦和锂）被认为是在大爆炸之后产生的，在最初的超热的微小宇宙膨胀并冷却到足以形成物质时产生的。较重的排在铁元素（铁在元素周期表中只排在第 26 位）之前的元素都是在恒星中形成的，恒星的核聚变反应把较轻的元素结合在一起从而产生较重的元素，如我们所见，在这个过程中会释放出一些能量。

大质量恒星的核心通过核聚变反应产生铁核心之后，由于铁

---

1　该计算是基于以下估计：大约有 1 000 亿个星系，每个星系平均有 1 000 亿颗恒星。（实际上，1 000 亿是最小的数字——可能会更多。）然后将其乘以计算中唯一合理准确的猜测，即太阳系中原子的数量大约是 $10^{57}$。

聚变要吸收能量，恒星的高温不足以"烹调"出铁以后的元素，于是核聚变的链条到铁就停止了，恒星核心会发生剧烈的引力坍缩，形成超新星爆发，铁元素会在极高的温度和压力下，与自由中子、自由电子、质子及其他原子核发生反应，产生出铀元素之前的所有重元素，并随着超新星爆发将它们扩散到宇宙空间中去。所以，绝大多数元素是在超新星形成时产生的：这些巨大的恒星爆炸活动提供了足够的能量来克服形成较重原子的严重障碍。一些重原子似乎也可以通过超致密中子星剧烈碰撞产生。过去人们认为铀，即 92 号元素，是自然产生的最重的元素，但科学家已经在太空中发现了一些钚（94 号元素）。

我们甚至可以把这种简化提升到另一个层次。所有这些原子，不管是什么元素，都只有四个组成部分：电子、上夸克、下夸克和胶子。每个原子中心的原子核包含质子和中子，它们本身由这两种夸克和负责将它们结合在一起的胶子组成。在原子的外围，可能有一个或多个电子。

再加上光子，一种构成光的粒子，从低能量的无线电波，到可见光，再到高能量的 X 射线和伽马射线，我们已经得到了构成宇宙所必需的大部分物质。

如果你查一下粒子物理学的标准模型（见附录），你会发现很多其他的粒子。还有四个夸克；两个类电子粒子，$\mu$ 子和 $\tau$

子；三种中微子；Z 玻色子和 W 玻色子；以及 21 世纪最受欢迎的粒子，希格斯玻色子。所有这些都是使现实发挥作用所必需的，它们都已被检测到。但这些都是物质世界的背景演员，我们在思考宇宙物质是如何组合在一起的时候，不需过多考虑它们。

然而，星系令人意想不到的旋转行为似乎需要更多的物质——很可能是标准模型以外的物质，即暗物质。

这个名字有悖常理，与现实几乎背道而驰。这东西一点也不暗。由于光子和原子中的电子之间的电磁相互作用，一种黑暗的物质会吸收大部分掉落在它身上的光。举个例子，想想黑暗的终极例子——黑洞[1]。它是黑色的，因为任何愚蠢到接近它的视界的光永远也逃不掉。从某种意义上说，暗物质与此相反，它不吸收任何光线。它与光完全没有电磁相互作用，尽管它确实受到引力的影响。实际上，暗物质是透明物质。

从电磁学的角度来说，暗物质似乎并不存在——但在引力的作用下，某种物质产生了某种效应，而这种效应被归因于暗物质。正如我们所见，弗里茨·兹维基首先对这种效应发表了评论，但他很快就被忽视了。

---

1　实际上，黑洞并不是严格意义上的黑暗，因为物质在冲向坍缩的恒星时会加速释放出辐射，但我这里指的是黑洞本身，没有任何光线可以从中逃逸，使它成为终极黑暗。

## 2. 缓慢的认识

在兹维基第一次提出暗物质概念，再过了不是一两年，而是整整四十年，这个假设才得到了进一步发展。在 20 世纪 70 年代早期，类似于兹维基所做的观测，有人曾对小的卫星星系环绕大星系运行进行过类似的观测。但态度上的真正改变源于 20 世纪六七十年代两位伟大的女天文学家之一的工作成果，现在令人震惊的是，她们可能因为性别而错失了诺贝尔奖。

鲜为人知的错失了诺贝尔奖的女性是英国射电天文学家乔瑟琳·贝尔（Jocelyn Bell），现称贝尔·伯奈尔（Bell Burnell）。她发现了快速旋转的中子星，即脉冲星（Pulsar）。特别离谱的是，贝尔做出了发现，但诺贝尔奖却被授予了她的论文导师安东尼·休伊什（Antony Hewish）。（在剑桥大学同一个系工作的弗雷德·霍伊尔对此大呼不平，但无济于事。）此外，暗物质的拥护者，美国天文学家薇拉·鲁宾（Vera Rubin），也错过了诺贝尔奖。

1965 年加入卡内基研究所后不久，鲁宾就开始与仪器制造商和天文学家肯特·福特（Kent Ford）合作，正是与福特合作时，她进行了突破性的观测，从而促使暗物质的复兴。福特生产了一种摄谱仪，可以在一夜之内多次读取银河系的光谱信息，而之前要花费数十个小时。在此之前的几年里，鲁宾一直在研究星系的旋转，比如离我们最近的大邻居仙女座星系，发现了一些非常奇怪的现象。

　　当像 CD 这样的实心圆盘旋转时，圆盘上靠近边缘的点比靠近中心的点移动得更快。这是不可避免的，因为离圆盘的中心越远，该点在任何特定的时间内必须经过的距离越大。有了像银河系这样松散连接的物质集合，半径不同的材料可能不遵循与实心圆盘相同的模式。我们通常会期望一段时间后，银河星盘会稳定下来，以一定的速度旋转，它离开银河系的中心，在最初的快速旋转之后，速度变慢了，因为距中心更远了。这会导致"自转曲线"（Rotation Curve），这是牛顿万有引力定律预测的标准行为。

　　观察仙女座星系时，鲁宾和福特意外地发现，银河系靠近边缘的部分的旋转速度几乎与中间部分相同。发生这种情况的最明

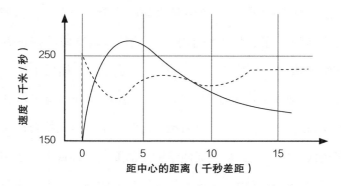

银河系中距中心不同距离的恒星的速度。
实曲线是理论预测，虚线是观测结果。
（改编自 Creative Commons image CC BY-SA 3.0）

显原因是，有许多物质以球状分布在银河系的周围，即所谓的晕（Halo，这可能是一个令人困惑的术语，因为我们通常认为光晕是中间有孔的扁平圆盘，但这个"光晕"更像一个空心球）。人们通过望远镜已经对仙女座星系进行了广泛研究——它没有可见物质的晕。和兹维基一样，鲁宾发现了暗物质引力对星系旋转产生的影响。

鲁宾和其他天文学家对此很感兴趣，他们开始收集其他星系的数据，在每个星系都发现了类似的效应。而且，就像兹维基对星系团的认识一样，他们发现如果星系只是由可见物质组成，那么星系旋转的速度足以使其自身分裂。鲁宾估计，实际上，在银河系中存在的物质大约是可见物质的六倍。

由于暗物质的概念得到了越来越多的支持，兹维基将星系用作透镜的想法被作为一种额外的方法，来证明存在着意想不到的物质。随着引力透镜效应的增强，产生的结果会有所不同。就像透镜的厚度会改变它的焦距一样，大质量星系更可能在透镜星系的外围产生多个原始光源的图像。人们通过测量引力透镜效应的影响，为暗物质的存在提供了进一步的支持。

不过，到目前为止，暗物质本身还是个谜。它是什么组成的？它不可能只是物质的传统组成部分——夸克和电子——因为它们之间确实存在电磁相互作用。即使是宇宙深处看不见的物质，因为它不发光，这样的物质也不会表现出暗物质的行为。那么，还有其他的选择吗？

## 3. 什么是暗物质？

有很多人试图确定暗物质到底是什么。他们主要遵循两条思路：一是由熟悉的粒子组成，这些粒子已经是粒子物理标准模型的一部分（但它们的行为不像普通的物质粒子），二是由奇特粒子组成，这些粒子需要我们扩展标准模型。

标准模型中的主要候选者是卑微的中微子。这是 1930 年人们构想出来的一个粒子，比直接发现它早了 26 年。据预测，中微子会在不稳定的放射性元素经历 β 衰变时产生，"β"位是指一个被发射的电子。最初，辐射被分为 α 射线、β 射线和 γ 射线，其中每种类型的辐射都有非常不同的性质，这些放射性原子的辐射后来分别被确定为氦原子核、电子和高能光子。

虽然我们熟悉原子核周围有电子的情况，但在 β 衰变中，是原子核本身释放出一个电子。我们现在知道，电子最初是不存在的，一种叫作弱核力的自然力将原子核中的中子转化为质子，在这个过程中释放出一个电子，并将原子转化为另一种元素，电子的负电荷抵消了原子核中新的正电荷。但在 1930 年，奥地利物理学家沃尔夫冈·泡利（Wolfgang Pauli）意识到，光是电子还不足以平衡所发生的一切。

尽管电子处理了电荷的变化，但必须守恒的原子的其他性质也会发生变化。具体来说，原子失去了能量，并且动量和自旋[1]发生了变化。就像需要电子来平衡电荷一样，另一个粒子也必须带走损失的能量和动量，同时平衡自旋。新粒子将不带电荷，因此泡利将他的假设粒子称为中子。

不过，到 1932 年，英国物理学家詹姆斯·查德威克（James Chadwick）发现，原子核中的中性物质是由质量与质子相似的不带电粒子组成的，他称之为中子。这些显然和泡利假设的粒子不同，泡利假设的粒子几乎没有质量。意大利物理学家爱德华多·阿马尔迪（Edoardo Amaldi）向他的同胞恩里科·费米（Enrico Fermi）建议，泡利假设的粒子的一个合适的名字应该是中微子（neutrino）。不久之后，费米发展出了完整的 β 衰变理论，中微子的名字也被固定下来。

中微子是难以捉摸和奇怪的。它们之所以难以捉摸是因为它们几乎从不与物质相互作用，它们对电磁学不感兴趣（记得

---

1　自旋是量子粒子的内禀性质。这个名字有误导性，因为它并不是指通常意义上的旋转。粒子的自旋只能是 1/2 的倍数，并且在测量时只能是"上自旋"或"下自旋"。在测量之前，它通常处于"上自旋"和"下自旋"两种状态的"叠加"中，每种状态都有特定的概率。

吗？），所以是不可见的。太阳中的核反应产生了如此多的中微子，以至于每秒钟都有数万亿的中微子穿过你的手，但由于缺乏电磁相互作用，它们没有任何效应。正如我们所见，它们很难被发现，尽管压倒性的证据表明它们确实存在，但是直到1956年科学家才宣布发现了它们。

中微子的探测似乎是不可能的，它们只是偶尔会与另一个粒子相互作用。中微子探测器通常设在地下深处的老矿井，这样可以保护探测器免受其他更明显的粒子的影响，留下中微子，大多数中微子穿过地球时就好像不存在一样。在地下室中，探测器通常由大量的液体组成——水或干洗液四氯乙烯。同样，几乎所有的中微子都会直接通过探测器，但有一小部分中微子确实与流体中的粒子发生了相互作用，要么导致可以探测到的分子发生变化，要么产生微小的光脉冲，这些光脉冲被环绕在流体周围的敏感探测器捕捉到。

到了20世纪60年代，人们发现中微子不是一个单一的粒子，而是有三种类型，每一种都与另一种粒子有关：电子和另外两种类似电子的粒子，$\mu$ 子和 $\tau$ 子，这有助于解释早期尝试检测来自太阳的中微子流的奇怪结果。太阳释放出的中微子的数量是可以估计的，但早期的探测器显示，到达地球的中微子只有预期数量的三分之一。这些早期的探测器只能探测到电子中微子，因此无法探测到大约三分之二的可能到达的其他中微子。

究竟哪种类型的中微子在何时会到达，这本身就是一个变数。事实证明，中微子可以经历一个被称为振荡的过程，在飞行过程中，中微子的类型可以互相转换。到目前为止，大多数证据都表明：中微子，就像光子一样，没有质量。[1] 但设想的中微子振荡的唯一机制要求粒子有质量，尽管质量很小。为了解中微子的质量，拿电子来比较，电子并不重，它的质量大约是中微子的400万倍（不同类型的中微子质量略有不同）。

考虑到中微子确实有质量，这意味着它们有引力效应，但缺乏电磁相互作用，使它们成为暗物质神秘粒子的直接候选者，但也存在一些问题。我们现在已经相当擅长探测中微子，但这些探测并没有显示暗物质完成其工作所需的光晕分布，以及中微子太热的问题。

现在的标准暗物质模型是指"冷"暗物质，这个术语反映了粒子的速度和由这些粒子组成的物体的温度之间的关系。例如，气体温度越高，粒子的速度就越快。从早期宇宙的明显结构看来，

---

1　现在已有实验观测证据表明中微子的质量不为零。2015年的诺贝尔物理学奖就是授予发现中微子振荡现象的科学家。中微子振荡是中微子有质量的直接表现。——编者注

暗物质粒子应该是缓慢移动的，否则它们就不能帮助形成星系结构，这些粒子会移动得太快，以至于引力不能将它们聚集在一起，也就没有热晕这种东西。

然而，在现实中，中微子已被证明是一种速度很快的小粒子，其运动速度非常接近光速。简言之，即便如此，这似乎也被低估了。2011年，科学家们进行了一项名为OPERA的实验，将中微子从日内瓦附近的欧洲核子研究中心（CERN）发射到意大利的格兰萨索（Gran Sasso），发射了730千米，他们宣布发现中微子的传播速度超过光速。有狂热的媒体猜测，这将爱因斯坦的狭义相对论及其光速极限说置于危险之中（出于某种原因，媒体喜欢证明爱因斯坦错误的可能性）。不过，事实证明，这是一个错误，是由电缆的错误连接和不准确的计时造成的。尽管如此，中微子的传播速度确实接近光速。

"热"并不能完全排除中微子的可能性。巨大的星系团的大结构——大到足以捕获甚至是光速移动的中微子——都是首先形成，然后分裂成更小的星系。为了区分到底是星系团还是单个星系先出现，我们需要了解物质最初形成时整个宇宙的样子。值得注意的是，我们在宇宙微波背景辐射中能看到宇宙当时的模样。

## 4. 来自四面八方的辐射

望远镜是时间机器。当光以有限的速度（大约每秒 30 万千米或 18.6 万英里）传播时，物体离我们越远，我们看到它的时间就越久远。当我们观察 250 万光年外的仙女座星系时，我们看到的是它 250 万年前的样子。

原则上，如果有足够好的望远镜，我们能回望的最远时间大约是 135 亿年前，那时原子形成了，宇宙变得透明。在那之前，物质是带电的，会吸收任何经过的光。当宇宙变得透明时，围绕它的光仍然存在。当时它应该是由极高能量的光子——伽马射线组成的。但在光发出后的数十亿年里发生了一些事情。宇宙膨胀了。

请记住，宇宙空间正变得越来越大，它会对通过它的光产生影响。如果你认为光是一种波，当它穿过的空间膨胀时，那么波实际上会像一个手风琴一样伸展开来。这会产生一个更长的波长，使光线变得更红。[1] 而且光运动的时间越长，宇宙膨胀就越大，从而导致越来越大的红移。

这是一种非常高能的光，波长非常短，逐渐经历 X 射线、紫

---

1 光是一种量子现象，可以被看作波（可能在学校更为常见），也可以被看作光子的集合，如前所述。如果你更愿意把光看作光子流，那么空间的伸展会减少光子的能量，再次产生红移。

外线、可见光和红外线，一直延伸到微波。这时，这种光的光子能量比可见光低得多，与可见光相比，微波与无线电波有更多的共同点，但我们对微波很熟悉，因为它们恰好有合适的能量激发水分子。这使得它们可以像加热食物一样加热有水的东西，因此我们就可以在烤箱中使用微波。

早在 1965 年，位于新泽西州霍姆德尔镇（Holmdel）的贝尔实验室的两名研究人员，试图使用一种天线来接收来自 Telstar 通信卫星的信号以进行天文学研究。当时人们发现，恒星不仅会发出可见光，还会产生广泛的电磁频谱，包括无线电波。罗伯特·威

威尔逊和彭齐亚斯用来探测宇宙微波背景辐射的霍姆德尔天线。
图片来源：美国国家航空航天局

尔逊（Robert Wilson）和阿诺·彭齐亚斯（Arno Penzias）正在寻找从银河系边缘发出的无线电信号，但是他们却发现了一种来自各个方向的、奇怪的、均匀的背景嘶嘶声。

这种信号与老式模拟电视在不同台之间调校时接收到的静态信号相似——事实上，部分视觉静态信号及其嘶嘶声与威尔逊和彭齐亚斯接收到的信号完全相同。有一段时间，射电天文学家以为他们受到了地球的干扰，这是射电天文学的一个常见问题——几英里外的真空吸尘器中有故障的电机很容易产生错误的信号。但经过仔细分析，威尔逊和彭齐亚斯发现信号不是来自他们的任何设备，也不是本地的，而且无论天线指向哪个方向，信号都一样强。

造成这个神秘信号的另一个疑点是接收器中堆积的粪便，因为一群鸽子正栖息在望远镜的广角目镜上（写实验报告时，这些粪便被委婉地称为"白色电介质材料"）。但是，即使他们清理了鸽子和金属表面，嘶嘶声仍然存在。最后当他们和其他一些正在寻找这种信号的科学家交谈时，威尔逊和彭齐亚斯才意识到他们接收到的信号是什么。他们接收到的微波是大爆炸37万年后，宇宙变得透明时释放出来的光的残余。

这种"宇宙微波背景辐射"被称为大爆炸的回声。考虑到辐射是大爆炸后三分之一百万年产生的东西的残余，这显然是华丽而不准确的语言，但它仍然使我们对宇宙的最初图景有了深刻的了解。这种辐射将我们带回到光允许我们看见的地方，不过，原则上我们可以看得更远。大爆炸后大约一秒钟，宇宙对另一种我们已经见过的粒子——中微子而言，变得透明。

中微子探测器——第一个中微子望远镜，已经被用来制作太阳的原始图像。如果我们能让中微子探测器更好地工作，我们也许就能探测到宇宙存在的第一秒钟的宇宙中微子背景辐射。类似的说法也出现在探测空间结构的引力波的新能力上，但目前，我们只能看到大爆炸 37 万年后的微波背景辐射。

当地球上的探测器发挥作用时，比如威尔逊和彭齐亚斯使用老式射电望远镜所探测到的，宇宙微波背景非常平滑，从各个方向产生相同水平的辐射。这就是为什么这个信号被认为是大爆炸余波的原因之一，因为从各个方向发出的辐射都是一样的。但是最近我们能够更详细地研究宇宙背景辐射，发现其强度的细微变化。

这种关于辐射模式的新观点要归功于三颗卫星：宇宙背景探测者卫星、威尔金森微波各向异性探测器卫星和普朗克卫星。COBE 可以追溯到 1989 年，WMAP 是 2001 年发射的，而普朗克卫星是 2009 年发射的，每颗卫星都发现了宇宙微波背景的更详细的变化。在制作出来的图像中，结果看起来很引人注目，但对比度被极大地放大了。实际的变化大约是 10 万分之一，与恒定的背景水平相比变化很微小。

当你从这些卫星上看到拉伸的蛋形图像时，你很难分辨出你看到的是什么。人们认为，辐射模式是早期宇宙微小变化的结果，这些变化将导致星系的形成。如果这是正确的，那么我们所看到的就相当于对宇宙早期胚胎的超声波扫描——这是一幅真正了不起的照片。

来自普朗克卫星的宇宙微波背景图像。

（ESA/Planck 合作）

这些数据使宇宙学家能够排除把中微子作为暗物质来源的观点。对宇宙早期结构的看法并不表明：如果暗物质是热的，就一定会形成后来会分裂的巨大结构。相反，宇宙似乎已经在小尺度的末端积累了结构，要做到这一点，就需要冷暗物质。

不仅如此，宇宙微波背景将星系和星系团的行为作为暗物质

（或产生类似效应的其他物质）存在的另一条证据。在非常早期的宇宙中，当辐射第一次发生时，仍然会有很多带电（电离）的普通物质。这将与背景辐射产生强烈的相互作用，但任何存在的暗物质都不会这样做。根据暗物质与普通物质的比例不同，结果会有所不同。

这种差异是通过运行复杂的计算机程序模拟宇宙中暗物质随时间变化的"网络"来预测的，这是一种更广泛的尝试，旨在模拟在演化过程中的宇宙结构的建立方式。它们最初是在 20 世纪 80 年代（当时计算能力明显受到限制）由四个天文学家——乔治·埃夫斯塔西奥（George Efstathiou）、西蒙·怀特（Simon White）、卡洛斯·弗兰克（Carlos Frenk）和马克·戴维斯（Marc Davis）主持的。直到今天，随着 Illustris 和 IllustrisTNG 项目的发展，它们一直在不断改进。

如果暗物质以观测到的比例存在于星系和星团中，那么人们所检测到的辐射变化与预期的暗物质有着密切的相似之处。

## 5. "男子汉"和"胆小鬼"

由于中微子几乎被排除在候选名单之外，暗物质粒子的另外两个候选者出现了：现在看来相当过时的幽默缩略语"胆小鬼"（WIMP）和"男子汉"（MACHO）。首字母缩写 WIMP 代表"弱相互作用大质量粒子"（Weakly Interacting Massive Particle），MACHO 代表"晕族大质量致密天体"（Massive Compact Halo Object）。（为 MACHO 正名似乎是一场艰难的斗争。）

　　晕族大质量致密天体（MACHO）提供了解决暗物质问题的最明显的办法——它毕竟只是普通物质，看不见的普通物质，正如弗里茨·兹维基最初设想的那样。毕竟，周围有很多这样的物质，从尘埃到黑洞。然而，反对它的证据是有力的。

　　关于暗物质的一个争论点是，在早期宇宙中，似乎存在比一般元素更多的质量——但如果暗物质只是看不见的普通物质，这种不平衡就不会发生。很难理解为什么这些暗物质最终会形成球状晕，而不是星系盘。

　　尽管如此，人们还是试图从它们充当引力透镜的方式在晕外部来探测晕族大质量致密天体，即当光线经过时，它们会使光线发生弯曲，而且似乎没有足够的普通黑暗天体来解释暗物质的影响范围。还存在一些问题，因为黑洞——应该占了晕族大质量致密天体中的大部分，只能由一个相对较大的恒星形成，而暗物质的分布在许多情况下阻止了如此大规模的质量集中。

　　然而，在理论上，可能还有另一种类型的黑洞——所谓的原始黑洞。这些黑洞不是由坍缩的恒星形成的，而是在宇宙最早形成物质的时候形成的，大爆炸后时空的剧烈波动可能压缩物质形成黑洞。这些黑洞几乎可以是任何大小的，微小黑洞的质量只有一克。

通过模拟这些黑洞的不同分布，有人认为质量是太阳的 0.06 到 1 倍之间的相对较轻的黑洞至少可以产生一些归因于暗物质的影响。不过，值得注意的是，加州大学伯克利分校（University of California，Berkeley）2018 年的一项研究分析了 740 颗超新星，以寻找来自原始黑洞的引力透镜效应。他们发现：组成黑洞的暗物质不会超过暗物质总量的 40%，而且极有可能黑洞不是由暗物质组成的。

到目前为止，还没有证据表明这样的黑洞存在，或者产生暗物质的影响，但有迹象表明，在某一时刻，LIGO 引力波探测器可以用来探测这样异常小的黑洞的合并。如果是这样的话，它们可能会重新回到不断变化的暗物质探测游戏中。但现在，晕族大质量致密天体必须让位于弱相互作用大质量粒子。

## 6. "胆小鬼"出局

乍一看，在寻找暗物质粒子的大部分过程中，弱相互作用大质量粒子一直是主要的候选粒子，其实它们只是为观测到的现象提供了一个称呼。毕竟，根据定义，暗物质与普通物质的相互作用很弱，为了产生引力效应，粒子需要有质量。然而，理论家们对这个"大质量"有一个更具体的想法。弱相互作用大质量粒子的质量不应该像中微子那样难以被探测到，而应该更"厚实"，大约是希格斯玻色子的质量。

2012 年和 2013 年，希格斯粒子在欧洲核子研究中心的大型强子对撞机上引起了巨大的媒体轰动。媒体通常将希格斯粒子描述为赋予其他粒子质量的粒子，但这具有误导性。搜寻希格斯粒子的理论要求，在电磁场等更熟悉的事物之外，宇宙中应该存在一个额外的标量场。正是与这种"希格斯场"的相互作用，提供了一些我们可以检测到的粒子质量。如果存在希格斯场，我们希望会有希格斯玻色子，这是该场中的扰动。这就是欧洲核子研究中心所发现的。

花了很长时间才确定希格斯玻色子的原因之一是，理论学家无法告诉实验人员去哪里寻找——他们不知道希格斯玻色子的质量是多少。然而，可能性最终被排除，人们发现希格斯粒子的质量约为 125 GeV[1]。它的质量大约是原子核中质子和中子质量的100 倍，类似于一个锡原子的质量。

暗物质粒子的质量应该大约是这个数值，这一观点是根据物

---

1　Giga electron volts，也就是十亿电子伏特。粒子物理学家通常用其表示粒子的质量，单位是电子伏特 $/c^2$（其中 $c$ 是光速），但通常只称它们为电子伏特（eV），反映了粒子质量中的能量。

质最初形成后年轻宇宙冷却的过程提出的。当周围有大量的能量时，非常重的粒子和它们的等效反粒子（更多内容见下文）可能会形成，然后在它们湮灭时转化为能量。但是随着宇宙的冷却，任何地方产生大质量粒子的能量都减少了。

我们从基于留下的不同质量的粒子的可能数量的计算来看，宇宙中产生暗物质效应所需的暗物质粒子的表观密度似乎反映了一组质量与希格斯玻色子相似的粒子集合。

希格斯粒子的发现不言而喻地表明产生这种质量的粒子所需的能量可以从大型强子对撞机中获得。然而，尽管经过多年的探索，对撞机中没有出现任何类似于暗物质粒子的东西，在研究宇宙射线（来自外太空的高能粒子）时也没有出现任何类似的东西。在这些实验中，无法直接检测到目标粒子。相反，实验检测到其他粒子，这些粒子是由目标粒子相互作用时释放的能量产生的。

这些第二代粒子的产生机制需要借助质能方程来理解。爱因斯坦的质能方程显示了能量（$E$）和质量为 $m$ 的物质之间的直接联系。能量可以转化为物质，物质可以转化为能量，物质转化为能量最常见的方式是物质和反物质碰撞。

反物质在科幻小说作家中很受欢迎，比如反物质就是《星际迷航》中"企业号"联邦星舰（USS Enterprise）的动力来源。每一个物质粒子都有一个性质相反的反物质等价物，特别是它的电荷相反。当一个物质粒子和它的反物质粒子结合在一起时，物质以光子的形式转化为能量。而且，有人认为，暗物质和反暗物质也应该如此。

不可否认，这里有一连串的"如果"。如果反暗物质存在，如果暗物质和反暗物质相遇时释放出能量，然后产生一种普通物质／反物质粒子的喷射，我们应该能够探测到这些粒子。如果我们能预测，从普通物质／反物质湮灭的能量所产生的物质中应该看到的东西，实际上会有更多，也许它来自暗物质。

请注意，没有迹象表明暗粒子会是希格斯玻色子，或者是这种质量的常规原子——它们与其他物质的相互作用与难以捉摸的暗物质粒子不同。相反，人们的希望主要寄托在一种被称为超对称的粒子理论上，该理论预测所有已知的粒子都应该有更多质量较大的伴粒子。

在非常成功的粒子物理学标准模型中，粒子分为两类：费米子和玻色子。每种类型粒子的行为都非常不同。费米子，可以被看作构成物质的粒子，包括夸克、电子和它们的更重等价粒子和中微子。这些粒子不喜欢被挤在一起：泡利不相容原理（Pauli Exclusion Principle）意味着两个全同费米子不能占有同样的量子态。模型中的另一组粒子被称为玻色子。这些粒子可以传递作用力，包括电磁力载体——光子，它作为光的粒子，在同一空间的数量可以翻倍。玻色子远比费米子友好——你可以把任意多的玻色子聚集在同一个空间里。

这似乎包含了足够多的粒子，但许多理论家还希望有更多。弦理论试图将不相容的量子论和广义相对论结合起来，它的支持者期望存在上面提到的超对称粒子，超对称粒子的存在对弦理论的大多数变体至关重要。超对称理论认为，我们所知道的每一个粒子都有一个与之等价的"超对称伙伴"。每个费米子应该有一个玻色子伙伴（在其名字前面加上一个"s"来识别），每个玻色子应该有一个以"ino"结尾的费米子伙伴。

例如，夸克（Quark）的超对称玻色子伙伴是"Squark"，而光子的超对称费米子伙伴是"Photino"。但人们从来没有发现过超对称的伴粒子。理论家喜欢结构的"美"，但没有实验证据证明它存在。然而，如果它存在的话，有一种预测认为，超对称粒子中最轻的中性微子（Neutralino）可能是暗物质的粒子。

考虑到命名惯例，你可能会认为中性微子（严格来说有四种不同的类型）是一个中性带电玻色子的费米子超对称伙伴，不过它不是单个玻色子的伙伴，而是中性玻色子的超对称伙伴的量子混合态：光微子、Z微子和希格斯微子，即 photino、zino 和 higgsino。再一次（就像弦理论中的情况一样），没有实验证据支持这一概念。即便如此，中性微子对理论家来说还是很有吸引力，特别是当计算宇宙起源时应该产生多少中性微子与宇宙中暗物质的估计质量很吻合时。

尽管有人试图借助一颗专用卫星和国际空间站上的一系列试验来寻找暗物质/反暗物质湮灭的残余物，但没有发现任何迹象。这些实验告诉了我们一些新的东西，但仅仅是关于宇宙中的普通物质事件。例如，费米伽马射线观测卫星意外探测到了来自银河系中心的高水平辐射。但是，用这种数据来推断任何关于暗物质的东西，就像用一个不明飞行物体来推测外星技术一样。很可能不明飞行物体实际上是一个还没有被确认的非常普通的飞行物体。可以假设它能教给我们任何关于外星人的知识，但基于假设做的很多工作都是科幻小说，而不是科学事实。

弱相互作用大质量粒子在实验上的失败似乎并不奇怪，毕竟暗物质只通过引力相互作用，而引力是如此的微弱，以至于单个粒子永远不会通过这种方式被检测到。然而，如果弱相互作用大质量粒子确实具有这种传统，它们应该能在对撞机中产生，并且可以从它们的衰变产物中检测到，但它们还没被检测到。类似地，考虑到太空中应该充满这些高速粒子，那么，就像中微子一样，我们期望从实验中直接检测到它们偶尔与普通物质相互作用。然而，我们目前并没有检测到它们。

## 7."胆小鬼"探测器

准确地说，弱相互作用大质量粒子真实存在的证据从未得到有效的证实，但有人声称已经检测到它们。为了在野外发现这些暗物质粒子，人们已经进行了许多实验。一些探测器专门用于寻找暗物质粒子穿过地球的直接证据，与中微子实验一样，这些装置被深埋在地下，以防止其他粒子被意外地捕获。然后，科学家们会留意与目标粒子发生非电磁相互作用的意外碰撞，这些碰撞的结果可以用超导量子干涉仪（Superconducting Quantum Interference Devices，SQUIDs）或闪烁体探测器来记录。

超导量子干涉仪利用一种被称为约瑟夫森隧道结（Josephson Junction）的量子结构来探测磁场的微小变化。这些设备对温度非常敏感，必须保持在极低的温度下才能工作。如果暗物质粒子碰撞发生在附近，它会产生少量的热量，这足以短暂地破坏超导性。

另一种方法是依靠闪烁体探测器捕捉到碰撞产生的微小闪光。碰撞将能量传递给充满探测器的流体中的电子，然后电子回落到它通常的能级，发出光子。尽管有几次错误的警报，但绝大多数的实验（使用任何一种技术）始终一无所获。

一个早期的例子是低温暗物质搜寻计划（Cryogenic Dark Matter Search，CDMS）及其后续的 CDMS Ⅱ，它是加州大学伯克利分校粒子天体物理中心的一项实验，该中心后来将参与超新星研究。这项实验试图探测中微子和原子核之间微小的、罕见的相互作用。最初的探测器位于斯坦福大学地下 20 米处,因为没有被很好地屏蔽,探测到太多的普通相互作用,无法提供任何有用的数据。CDMS Ⅱ（及其后续的 SuperCDMS）和其他许多后来的暗物质探测器一起,最终埋在一个老矿井中（这次是在明尼苏达州地下 750 米深处）,尽可能阻挡了不需要的自然粒子。

在 2007 年,经过改进的低温暗物质搜寻计划检测到了一些东西:一对间隔了两个多月的相互作用。遗憾的是,我们无法确定这些是弱相互作用大质量粒子之间的相互作用。一个叫作 DAMA 的暗物质探测器已经产生了大量的结果。自 1995 年以来,位于意大利格兰萨索山脉地下 1 400 米处的 DAMA 闪烁体探测器,已经多次探测到观察者认为可能是暗物质粒子的东西,然而没有人能复制他们的发现。由于 DAMA 使用的探测器与其竞争对手略有不同,因此存在一个潜在的漏洞。但最近一项由美国、英国和韩国合作进行的实验 COSINE 使用了相同的方法。该实验地点位于韩国,从 2016 年开始运行。到目前为止,DAMA 的发现还没有得到证实,因此他们不太可能证明暗物质的存在。

至少,这说明了从这些超敏感设备中消除错误读数是多么困难。请记住,在这些实验中使用的设备无法看到搜索的粒子。研究人员必须继续进行的工作是,让探测器中的一些粒子受到震动。

如果其他因素都被排除在外，那很可能是因为暗物质粒子撞击原子核并产生了一小股能量。但是，"其他一切都被排除"并不容易，因为存在一些难以排除的原因，比如周围岩石中的天然放射性，或者我们的老朋友中微子。

除了将探测器放置在地下外，还必须巧妙地将错误的活动排除在外，并辨别出活动中的暗物质。有时，提供屏蔽的努力看起来很奇怪。在一个探测器中，使用了来自一艘法国大帆船船体的铅。铅能很好地阻止常规辐射，因为这是旧时代的铅，它有足够的时间来减少自身的自然辐射，减少它所产生的背景噪声。人们希望暗物质能与其他辐射区分开，因为它不是均匀分布的，所以当地球和太阳系在各自的轨道上运行（太阳系围绕银河系运行）时，暗物质的密度应该会有周期性的高点和低点。但是到目前为止，这些还没有被发现。

在 2019 年初，加州大学戴维斯分校（University of California, Davis）的一个研究小组声称，他们已经发现了一种可能的解释，可以解释为什么 DAMA 探测器坚持不懈地探测，总是能够偶尔探测到某种信号，而别的类似或更敏感的设备却无法探测到这种信号。如果这是真的，就像比光还快的中微子那样，罪魁祸首将是技术故障。DAMA 探测器由 25 个圆柱形闪烁体组成，两端各有一个光电倍增管（实际上是一个光放大器）。戴维斯研究小组发现，光电倍增管中少量的氦污染可能会产生与探测结果相似的结果。

DAMA 探测器的读数确实在夏季和冬季有所不同，这暗示了暗物质等外部来源，而不是内部辐射。然而，氦是由氢的放射性衰变和其他地质作用产生的，预计这些作用每年也会有一些变化，不是恒定的输出。已经有人提出了几种区分污染物质和暗物质的技术，但这些技术尚未得到应用。

在我撰写本书时（2019 年初），宣布了最新实验结果的探测实验项目包括 XENON1T、意大利格兰萨索国家实验室的 DAMA，以及中国四川锦屏地下实验室的 PandaX，它们都在含有液态和气态氙的室内使用闪烁体。大家意见一致：没有发现任何东西。[1] XENON1T 实验团队还宣布实验达成了一个创纪录的低背景水平——事实上，它比它的前辈们更好地排除了事件的其他干扰来源——使得暗物质探测的缺失更加明显。

一段时间以来，有人提出了一种替代方法，现在这种方法得到了更认真的对待，那就是寻找暗物质影响的"化石"遗迹。这个想法是，与其坐在地下等待暗物质的撞击，不如看看已经在地

---

1 2020 年 6 月，XENON1T 实验团队宣布发现了"过剩的事件"。可能的解释有三种，最吻合的是太阳轴子假设，但这在统计学上还不足以断定轴子的存在。轴子是暗物质候选者之一。——编者注

下存在了很长时间的矿物，看能否探测到暗物质粒子撞击造成的物质变化。在某些情况下，由于原子的反冲作用，会留下微小的轨迹。

寻找地下撞击残留物化石的想法可以追溯到 20 世纪 80 年代，当时进行了一些实验，试图确定磁单极子[1]的撞击作用——这些实验都失败了。20 世纪 90 年代中期，有人建议采用类似的方法寻找在矿物云母中暗物质撞击产生的钾原子残留物，认为可以将其与普通辐射或园林辐射产生的类似影响区分开。这种方法从未被尝试过，但在 2018 年瑞典、美国和波兰的研究人员发表的一篇论文中被重新提起。

这种新的研究方法还研究了其他矿物：石盐（氯化钠的一种形式）、泻利盐、橄榄石和水氯镍石。到目前为止，所有研究人员都只是估计使用这些材料的探测器的灵敏度，但是尚不清楚它们是否会被使用——可能是由于其他探测器继续产生无效的结果，人们认为这种投资是不必要的。尽管从原理上讲，这种化石遗迹方法可能会获得更高的敏感性。

尽管弱相互作用大质量粒子仍然是暗物质粒子最受欢迎的候

---

1 磁单极子是假设的粒子，只有一个磁极（南或北），而所有已知的磁铁都有南北两极。一些理论，如弦理论，预测单极应该存在，但它们从未被观察到。标准的麦克斯韦电磁学方程假设磁单极不存在，但只要找到它们，就可以扩展方程考虑其存在。

选者，但由于尚未成功发现它们，以及迄今为止晕族大质量致密天体未能与观测结果相匹配，这导致理论家们已开始设想一种更奇特的粒子替代类型。

## 8. 轴子洗得更白

另一个领先的暗物质候选者是轴子。它的英文名"Axion"听起来像是一种洗涤产品，这有充分的理由——它实际上是以高露洁棕榄牌洗碗机洗涤剂命名的——轴子是少数理论家的最爱。这种假想的粒子已经被用来解释量子物理学中的一种奇怪现象（现在没有实验证据支持它们的存在，这应该不足为奇），如果它们确实存在，它们的相互作用将是有限的，质量很轻（甚至比中微子还轻），而且会有很多。但在暗物质行为的其他方面，轴子作为一种解决方案显然存在问题。就像中微子一样，它们很可能因为太热而无法发挥作用，一些模型表明，它们会形成尚未被观测到的结构。

人们希望轴子的问题能够通过轴子暗物质实验（ADMX）或以某种方式得到解决，该实验于 20 世纪 90 年代在加利福尼亚州劳伦斯－利弗莫尔国家实验室（Lawrence Livermore National Laboratory）进行，由卡尔·范·比伯（Karl van Bibber）和莱斯·罗森堡（Les Rosenberg）负责。他们的探测装置是一个极其灵敏的无线电接收器。如果轴子存在的话，那么它们会因质量太轻，在常规的物质相互作用中没有太多的机会被探测到。然而，当它们穿过一个强大的磁场时，会产生一个光子——这个光子是可以被探测到的。

这个想法是在一个空腔中产生一个强磁场，作为捕捉射频光子的陷阱。如果这些光子是由穿过陷阱的轴子产生的，它们会随着时间的积累而产生极其微弱的无线电信号。到 1997 年，ADMX 已经开始运行了，但没有任何进展。在改进了最初的原型设备之后，实验的第一阶段一直持续到 2004 年，仍没有任何发现。第二阶段被认为是决定性的，是证明轴子作为暗物质候选者的最后机会，但目前依然什么也没有探测到，尽管如此，这个假想的粒子仍然出现在一些理论家关于自然的想法中。

无论我们讨论的是弱相互作用大质量粒子还是轴子，尝试提出一种独特的暗物质粒子的方法似乎都是一个很奇怪的假设。

## 9. 黑暗的扩散

我们有一个很好的模型来解释宇宙中的普通物质和力是如何起作用的。正如我们所见，每一个"正常"粒子的核心描述，即标准模型，是由 17 种粒子类型组成的（尽管"超对称"理论的支持者认为至少还有另外 17 种），构成了大部分可观测到的现实

（标准模型图表见附录）。

那么，数量为宇宙普通物质五倍的暗物质，可以假设它由一种单一类型的粒子组成，这样的假设太大胆。[1] 我们没有理由怀疑这一假设的出发点只是为了让理论家简化问题（宇宙并非因为这一特征而出名）。暗物质完全有可能由一个类似的粒子大家族组成，而不是一个单一的粒子。

我们也可以反过来看这幅图景，想象一下存在于暗物质宇宙中的我们试图预测"普通物质"是由什么构成的。采用这种方法，我们可能会假设只有一种"普通"粒子构成了日常研究的事物，这与事实相去甚远。物理学家莉莎·兰德尔（Lisa Randall）把采用单粒子方法的人称为"普通物质沙文主义者"，因为有一种假说的支持者认为我们现有的物质应该比原始的暗物质复杂得多。

我们甚至可以设想一个看不见的平行暗物质宇宙，在这个宇宙中，"黑暗之光"从黑暗的太阳照射到黑暗行星上，行星上居住着黑暗的生命。在现实中，这种图景是不可能的，因为暗物质的行为方式表明，除了引力，它与自身几乎没有什么相互作用——这限制了暗物质世界的利益价值——但它仍然是一个有趣的猜测。

---

1　提醒一下，据科学家的估算，宇宙的 27% 是暗物质，68% 是暗能量，剩下的约 5% 是我们能直接观测到的物质。

虽然完整的"暗宇宙"图景是极不可能的，但一些物理学家已经思考过"暗光子"，一种具有质量的光子，是如何形成的。这将是标准模型中的一个额外粒子，它是一个"规范玻色子"——它是一种传递作用力的粒子，传递暗物质粒子之间的相互作用，而暗物质粒子本身具有非常轻的质量。这样的粒子存在的可能性不大，理论上，它可能导致如 LIGO 引力波探测器中的反射镜的微小位移。

引力波[1]导致了这些反射镜令人难以置信的微小位移，其位移小于质子的大小。如果这些"暗光子"流要通过探测器，就有可能捕捉到其引起的运动，并将其与其他振动区分开。如果它们存在的话，更有可能使用更大的空间探测器 LISA——LIGO 引力波探测器的替代品来进行探测。但应该强调的是，这种可能性是基于假设上的假设，与其说它有很大的可能性成功，不如说它为提高引力波探测器的灵敏度提供了理由。

"暗辐射"的另一个潜在候选者是所谓的惰性中微子（在我撰写本书时，这一观点本身具有高度的推测性质）。虽然中微子已经被排除为暗物质的"物质"面，但在美国费米实验室进行的

---

1　爱因斯坦于 1916 年预测了引力波。引力波于 2015 年首次被人类观测到，它是由重大的引力事件（如黑洞碰撞）引起的时空结构自身的运动收缩和膨胀。更多信息，请参见本系列中作者的书《引力波》（*Gravitational Waves*，2018）。

一项名为 MiniBooNE 的实验，旨在研究中微子改变种类的方式，在 2018 年暗示了一种额外的惰性中微子的存在，因为 μ 子中微子在变成电子中微子之前似乎是通过一个未知的状态进行转换的。

仅仅引入惰性中微子就需要对粒子物理学的标准模型进行重大扩展，因为"惰性"表明它不像普通中微子那样受到弱核力的影响。原则上，如果惰性中微子存在，它就可能是暗物质力的载体。我们离任何确定的事情都有很长的路要走，但这是另一条探索的道路。

## 10. 在我们脚下

在这个领域工作的物理学家经常被问到一个问题，为什么暗物质不明显——具体地说，为什么它没有在我们脚下累积呢？毕竟，地球是由尘埃和气体云的万有引力形成的。那么，为什么它没有累积比正常物质更多的暗物质，使地球的密度远远超过它实际的密度呢？

当然，所有的探测实验都假设地球上一直有很多暗物质通过，但有两个很好的理由可以解释为什么地球不会因暗物质而超载。

首先，虽然理论上有很多暗物质，但它们不会像普通物质那样在太阳系的圆盘中累积（然后进入地球）。仅靠引力吸引，暗物质就可以汇聚在一起，形成被错误命名的晕——空心球形物体。

这意味着地球形成时，尽管总体上宇宙中有更多的暗物质，但可用的暗物质比普通物质少。

其次，如果我们想象一个普通物质的粒子飞向地球（忽略它与大气的相互作用），它会由于重力而加速，直到撞到地面。在这里，电磁力会使它停止，让它成为地球的一部分。暗物质粒子也会有类似的重力加速度，但没有电磁相互作用，它只会继续加速，直到穿过地球中心，这时它会减速，并以它的初始速度从另一边离开。它不太可能以恰当的速度，朝恰当的方向移动，这样它就会被捕获。据估计，地球上暗物质的数量只有几克。

## 11. 修正牛顿动力学

1983 年，天体物理学家莫德海·米尔格罗姆（Mordehai Milgrom）提出了一种机制，可以解释这种从未被观测到的物质所产生的一些效应，而不需要引入一种新物质，也不需要重写标准粒子物理模型。米尔格罗姆 1946 年出生于罗马尼亚，他的职业生涯一直在以色列度过。他的想法被称为修正牛顿动力学（Modified Newtonian Dynamics，MOND，也称修正引力理论）。

这个想法很简单但是很强大。如果引力本身在星系和星系团上的作用与在我们更熟悉的行星和恒星上所起的作用稍有不同，那么大多数情况下也会观测到归因于暗物质的影响。这只是一个假设，即万有引力在所有尺度上的行为完全相同。牛顿预测所需的调整很小，但可以使快速旋转的星系在它们显然应该分开时保持在一起，而无须任何额外的物质。

我们习惯于认为引力效应是普遍的。但是，我们知道其他物理行为与尺度有关。毕竟，物质在电子和原子之类的微小粒子上的行为，与它在我们熟悉的物体（如人和网球）上的行为截然不同。事实证明，有必要对牛顿动力学进行一些微调以应对广义相对论。广义相对论产生的结果与牛顿理论大致相同，但在特定情况下，结果却略有不同。

米尔格罗姆的想法最初被认为是对暗物质存在的重大挑战，如果不是因为子弹星系团的话。

## 12. 银色子弹

对暗物质的狂热爱好者来说，也许它存在的最好证据来自一个叫作"子弹星系团"的星系结构（名字带着丰富的想象力，它看上去有点像从枪管中射出的子弹拖着气体前进的定格画面），子弹星系团似乎是两个或更多星系群融合后的产物。星系团的形状被描述为中央区域的一团加上外围一对像米老鼠耳朵一样的球状区域（不过这些区域是三维的，而不是平面的）。

普通物质星系团的碰撞很难产生这样一种不同寻常的结构。

有人认为，当最初的星系团融合时，普通物质在中心发生碰撞，以高能光的形式释放能量。能量的损失意味着普通物质会停留在碰撞的中心点附近，但是暗物质不会有电磁相互作用，甚至不会与自身相互作用，所以它穿过了中心区域，并继续前进。随着时间的推移，重力减慢了它的速度，但在此之前，它已经膨胀到中心区域的两侧了。

其结果是产生了两个主要由暗物质构成的外叶，但它们能够吸引足够多的普通物质使其可见，而中心部分主要由普通物质构成。这当然是一种可能性，也是许多宇宙学家和天体物理学家钟爱子弹星系团的原因。它被认为是（一个令人高兴的巧合）支持暗物质的确凿证据，并预示着修正牛顿动力学的终结。

许多物理学家和科学作家认为子弹星系团已经结束了这场争论，就像宇宙微波背景辐射的发现结束了大爆炸和宇宙学稳态理论之间的争论一样。然而，事情并没有那么简单。修正引力理论的支持者进行了反击，并赢得了比以往任何时候都多的支持。

## 13. 修正牛顿动力学的反击

事实是，虽然修正牛顿动力学的基本版本确实难以解释子弹星系团，但还有更多的宇宙现象是暗物质无法很好地解释的。在这些情况下，如果我们摒弃暗物质，采用修正引力理论，那就更有意义了。一个典型的例子是 NGC 1560 星系。人们早在 1883 年就发现了这个螺旋星系，它距离我们大约 1 000 万光年。

这个星系的旋转曲线比牛顿理论预测的要平坦得多——所以的确需要一些东西来解释它。MOND 的预测非常精确地符合这条曲线，但是暗物质的预测曲线不能反映现实。所有的证据都表明，对于暗物质来说，子弹星系团并不是什么灵丹妙药。当然，它并不比 NGC 1560 这样的例子更有说服力，后者提供了同样好的数据，但似乎只有修正引力理论才能奏效。

近期的修正引力方法：如标量–张量–矢量引力（STVG），增加了一个与普通物质相互作用的额外场，它似乎对解释子弹星系团不存在问题。事实上，对于另一个不同的星系团，即被命名为令人印象深刻的"火车残骸"的星系团，暗物质似乎不能很好地解释，STVG 则可以。

在那些决心弃用修正引力理论的人看来，另一个明显的修正牛顿动力学杀手是一个名为 NGC 1052-DF2 的矮星系，它是在 2018 年被发现的。让天体物理学家们惊讶的是，这个矮星系旋转的方式似乎表明它没有任何暗物质。这不太可能。但如果暗物质存在，这也是可能的。暗物质理论的一般假设是，所有星系都要求它最初能够在自宇宙起源以来的时间尺度内形成。但是考虑到大多数暗物质都在星系的外部，暗物质可以通过与其他星系的相互作用而被剥离。由于这个矮星系是一个大质量星系的卫星星系，所以理论上有可能发生这样的过程。

然而，如果暗物质不存在，而星系的常规行为归结于某种修正引力理论，那么没有受这种影响就不可能有一个正常的星系。NGC 1052-DF2 非典型行为的发现最初被鼓吹为另一个修正引力理论的丧钟——但事实再一次表明事情不是那么简单。虽然这种暗示可能适用于修正引力理论背后的基本概念，但它的全面实施不可避免地会有额外的复杂性，我们可以很容易地处理这种奇怪的现象，正如见证了以更详细的理论来处理子弹星系团那样。

事实上，随着更多的分析，虽然 NGC 1052-DF2 的表现已经达到了 MOND 所预测的极限，但它的表现与正常情况并没有太大的不同，甚至对基本的修正引力理论也无法构成挑战。这是因为现有的数据非常有限，根据分析数据的方式，可以使星系符合MOND。没有迹象表明，那些利用这个星系来敲响修正引力理论的丧钟的人是有选择性的，但他们肯定选择了最可能支持他们论点的数据解释方式。

在我撰写本书时，这一发现充其量处于边缘状态，第二组科学家断言数据被曲解了，NGC 1052-DF2 根本不缺乏暗物质的影响。他们的建议是，对该星系的距离测量有误（最近人们意识到这个星系曾被"发现"过两次，为计算提供了更多的数据，这一想法得到了支持）。如果，正如这些信息所证实的那样，该星系离我们的距离比我们最初认为的要近得多，这将意味着质量计算是错误的，而关于该星系不存在暗物质的假设也是错误的。目前尚无定论。

## 14. 衍生引力

当谈及修正引力理论用以解释暗物质时，MOND（以及它最近的变种）并不是唯一的选择。最近被引入这一领域的概念是衍生引力（Emergent Gravity），也被称为熵引力。

我们目前理解万有引力的试金石是爱因斯坦的广义相对论（更多内容将在后文介绍），除了它不能与量子物理学相结合，这个理论很好地经受住了时间的考验。任何试图把它们放在一起的结果都是出现不可能的无穷大。一些试图将两者结合起来的尝试，尤其是圈量子引力（Loop Quantum Gravity），不得不修正广义相对论，以使时空得以量子化。[1] 最新的这种方法——衍生引力建立在一个观察的基础上，在某些方面，广义相对论类似于热力学，即热和气体分子运动背后的物理学。

在这个模型中，引力并不是一种真正的基本力，它是时空量子粒子间纠缠（一种被深入研究的量子效应）"涌现"出的结果。

---

1　这意味着，空间和时间不是连续的，而是被分割成非常小的块。

涌现性质（Emergent Property）在自然界中很常见，一般指看似简单的成分组合产生了更复杂的整体。从沙丘的结构、雪花的形状到生命本身，一切都被描述为"涌现"的。[1] 但要把重力解释为衍生引力，则需要跨越相当大的一步。

2016 年底，阿姆斯特丹大学的荷兰理论物理学家埃里克·韦林德（Erik Verlinde）指出，如果一个具有正宇宙学常数的宇宙（如我们这样的宇宙，请参见第 119 页，以了解更多宇宙学常数的知识）存在引力，它会导致与广义相对论的一些偏离——更确切地说，它会对物质产生一种推力，这种推力的效应应该与暗物质类似。还有一个好处，这种效应预计不会出现在高密度的系统中，比如太阳系，而只会出现在更分散的系统中（拥有很多空隙的空间），比如星系。

然而，也存在一些严重的问题。这一方法的所有含义和细节都还没有确定，因为它依赖于从比现实简单得多的理想情况中推断出来的结果。即便如此，在预测物质围绕星系旋转的方式时，它已经被证明不如 MOND 有效，而且在解释星系行为方面比暗物质更糟糕。它还不能提供任何关于宇宙早期大尺度结构或结构形成原因的见解。

---

1　思考一下：作为一个人类，你是由数万亿活细胞组成的。没有一个细胞能单独完成很多事情，人类的能力是所有细胞结合的涌现性质。

尽管如此，考虑到这是一个非常新的、尚未完全发展的理论，它正在产生一些有趣的想法，我仍想强调要重视修正引力理论。

## 15. 黏性引力

解决暗物质问题的最后一个方案，是使暗物质成为一种真实的物质，但它的行为不同于通过引力相互作用的传统粒子的集合。这是超流暗物质。

最著名的超流体是液氦，它被冷却到 2.17 K 以下（即 2.17 开尔文，高于温度下限，−273.15 ℃的绝对零度）。液氦中的原子在量子水平上相互连接，把它变成一种没有黏性的物质，并且有能力完美地传递热能，没有损耗。"无黏性"意味着如果你启动一个超流体旋转，只要它保持在一个足够低的温度下，它就会继续转动。

如果暗物质是一种超流体，确切地说是一种被广泛研究的玻色−爱因斯坦凝聚态的超流体形式，而不是一种传统的粒子集合，这将解释暗物质粒子探测失败的原因——因为暗物质不会以其独特的性质存在于单个粒子形式中。实际上，超流体暗物质是一种传统暗物质模型和修正引力理论相结合的结果。

这种方法的诱人之处在于，我们可以设想暗物质在星系尺度上以超流体的形式存在，但在其他尺度上表现不同。物理学表明，在星系团中暗物质将占主导地位，但以非超流体形式存在，而在太阳系的尺度上，普通物质将压倒暗物质的影响，与简单的暗物质或修正引力理论相比，它们能更好地匹配大多数观测结果。

就像更简单的修正引力理论一样，超流体暗物质理论目前还只是一种假设，但它是一种正在引起人们兴趣的新理论，并且仍然代表着天体物理学家们正在寻找的突破。事实上，超流体模型在物质作为超流体时提供了修正引力，不作为超流体时提供了常规的暗物质作用——这给了它一种"两者兼得"的方法。现在判断它是否经得起时间的考验还为时过早。

## 16. 银河支架

无论暗物质是什么，在现实中——无论是一堆只有通过引力才能相互作用的物质，还是对大型结构引力方程的一种微调——它都是我们存在的原因之一。在宇宙形成的早期，由于受到辐射的巨大压力，相对较弱的引力很难将物质聚集到足够大的范围内形成星系。如果没有暗物质或修正引力，我们在宇宙中看到的大尺度结构——包括我们的银河系——就不会有时间形成。因为暗物质的引力作用相当于普通物质的五倍，而且它不受辐射的影响，所以暗物质效应的结果是有足够的引力来实现这些结构的聚合的。

### 17. 恐龙灾难

与暗物质有关的一个更有趣的理论是，它可能对恐龙的灭绝负有间接责任。虽然它没有得到广泛的支持，但这并不是一个怪诞的概念，它是由物理学教授莉萨·兰德尔（Lisa Randall）和她的同事们提出的。

长期以来，恐龙的灭绝是一个谜。统治地球数百万年的动物怎么会突然间全部灭绝呢（实际上并非完全如此，因为鸟类是某些幸存恐龙物种进化后的后代）？这一解释是物理学家路易斯·阿尔瓦雷斯（Luis Alvarez）和地质学家沃尔特·阿尔瓦雷斯（Walter Alvarez）父子俩共同完成的一项出色的科学探索工作的结果。

20 世纪 70 年代，沃尔特正在研究地壳中被称为 K-Pg 界线的一个特殊层。这是我们确定的从白垩纪到古近纪的过渡时期（在地质时期命名被修改之前，被称为白垩纪和第三纪之间的边界）所沉积的薄层物质。这一层可以追溯到大约 6 600 万年前，当时恐龙在一次大规模灭绝事件中消失，这也牵涉了许多其他生物群。

沃尔特和他的父亲路易斯一起工作，他对 K-Pg 层中铱元素的含量感兴趣。这种重金属在地球表面附近是稀有的，因为它的密度足够大，基本上已经被拉到地球更深的地方。因此，这一层中的铱（在它形成的时候就在地表）主要来自外星球，来自流星的撞击。沃尔特工作的初衷与恐龙无关，他的想法是，假设铱以相当稳定的速度从太空到达地球，然后通过已沉积的铱的数量，来了解累积这一层铱需要多长时间。然而，他和他的父亲发现了数量惊人的铱，大约是该元素"背景"出现时的预期量的 90 倍。

在世界各地的同一个 K-Pg 层中也发现了同样高水平的稀有金属，在某些情况下甚至是预期数量的 160 倍。据估计，要产生这样的效果，需要 50 万吨铱同时到达地球。唯一明显的解决办法是小行星或彗星撞击，来自一个直径 10 ～ 15 千米的巨大天体。

随着更多的数据出现，这一理论很快就成为恐龙灭绝的原因，从而排除了火山效应等其他可能导致恐龙灭绝的因素，因为火山不会产生同样的沉积物。当这个巨大的物体高速撞击地球时，除了用它引起的冲击波、地震和海啸摧毁周围的大片陆地外，它还会产生环绕地球的火山灰和灰尘云。首先，碰撞产生的炽热碎片会导致全球范围内的火灾和气温飙升，破坏生物栖息地；然后，由于灰尘遮挡了阳光，多年来全球气温会直线下降。

最后一块"拼图"，人们花了十多年才找到——撞击留下的陨石坑。一个直径约 200 千米的陨石坑似乎很容易被发现，但撞击并不一定发生在陆地上，而且陨石坑自形成以来，在 6 600 万年的时间间隔内会被部分填满。人们最终发现，在石油勘探过程中已经找到了一个可能的罪魁祸首，但并没有被媒体广泛报道。

那就是希克苏鲁伯陨石坑（Chicxulub crater），它一半在陆地上，一半在墨西哥尤卡坦半岛（Yucatán peninsula）附近的海里。

"外星入侵者"毁灭恐龙的故事很精彩，但是暗物质在其中起到了什么作用呢？撞击物本身是一颗完全正常的小行星或彗星，与暗物质无关。然而，兰德尔的理论认为暗物质可能是撞击地球的原因。这个推测是，除了围绕银河系的球状暗物质晕外，银河系的一个圆盘中还有一些暗物质，这个圆盘与我们银河系的圆盘大致平行。当太阳绕着自身的银河系轨道运行时，它并不是完全停留在星系盘的平面上，而是会逐渐地在平面上下移动。

这意味着，如果存在这样一个暗物质的平面，太阳将穿过它——当这一情形发生时，运动将产生引力效应，可以干扰到太阳系中小行星或彗星的轨道，使其与地球发生碰撞。当然，这都是假设。即使存在这样的暗物质盘，也不一定是轨道变化的原因，而暗物质盘是否存在是一个有争议的话题。

正如我们所见，在传统的暗物质模型中，它并不像普通物质那样自然地形成一个圆盘，而是产生一个球形光晕，因为暗物质粒子不会相互产生电磁作用。但兰德尔认为，暗物质粒子可能有不同的类型，其中至少有一种类型的粒子可能具有实现暗物质间相互作用的特性。

看起来这个主意是为了推销兰德尔关于这个话题的书——毕

竟，谁不喜欢宇宙学和恐龙呢？然而，这是一个严肃的理论。其他天体物理学家对此表示怀疑，因为缺乏确凿的证据，也因为它需要对暗物质模型进行扩展，而目前对此几乎没有支持者。无论你是否同意，这都是对暗物质的影响方式的有趣反应，它超出了解释星系和星系团旋转行为的简单要求。

## 18. 没有暗物质吗？没问题

尽管超重星系保持稳定能力的主流争夺战仍在暗物质和修正引力理论之间进行，但还有第三种方法——解释这种行为的另一种选择。从多方面来说，这是最简单的可能性，它不是来自物理学家或天文学家，而是来自数学家。唐纳德·萨里（Donald Saari）曾是西北大学（Northwestern University）数学教授，直到最近才担任加州大学尔湾分校（University of California，Irvine）数学行为科学研究所（Institute for Mathematical Behavioural Sciences）所长。他认为暗物质可能是嵌合体。

就像神话中的野兽一样，有人认为暗物质可能只存在于那些去寻找它的人的想象中。考虑到星系的意外旋转行为有一定原因，这似乎不太可能。但是萨里提出了一个非常简单的解释——星系的行为恰恰是我们目前的引力理论所预测的，但天体物理学家的结论是错误的。

到目前为止，我们还理所当然地认为，计算一个由数十亿颗恒星组成的星系的动力学行为是可能的。这是一个很大的假设，当你意识到在引力作用下相互作用的物体，我们可以精确计算它们的运动，这样的物体的最大数量是两个。因此，假定整个宇宙中只有一颗恒星和一颗行星，我们可以完美地计算它们的引力相互作用。但是，再增加一个物体（例如，第二颗行星或绕行星运行的卫星），由于每个物体的引力和运动相互影响，情况变得太复杂而无法完全计算，结果是混乱的。

这并不意味着不可能用两个以上的物体进行计算和预测。几个世纪以来，天文学家在预测太阳系中行星和其他天体的运动方面做得很好，现在可以非常精确地进行预测。但是，这是使用越来越接近实际值的近似值来完成的，而不是一个精确的完美解。

现在把这个问题扩大到整个星系。以除了我们自己的星系之外，我们最熟悉的星系——宏伟的仙女座星系为例。据估计，仙女座约有一万亿颗恒星，直径约 22 万光年。我们不知道每一颗恒星在哪里，它是如何运动的，或者星系中所有其他恒星是如何影响它的。我们只能用极端近似值来处理星系的运动。而且，用来做这件事的数学方法可能存在缺陷。

我们可以采取的方法是将星系视为连续的物质（显然这是一种近似的思考方法），为此，假设在想象的连续体中的每颗恒星都具有朝向整个质心的重力加速度。就像任何一个绕轨道运行的物体一样，恒星也不会坠入中心，因为它自身也在旋转。任何一颗恒星都被认为与所有更接近星系中心的恒星的想象连续体处于（可计算的）两体关系。星系的其余部分将被忽略，因为其影响应被抵消。

萨里指出，这种近似方法存在问题。想象一下仅放大银河系中的两颗恒星，它们围绕着银河系的中心旋转并彼此靠近。考虑到引力与距离的平方成反比（物体越近，引力越大），它们的接近意味着这两颗恒星之间的引力作用将大于一颗恒星与想象中的其他连续体之间的相互作用（例如，当围绕太阳运行的天体离木星太近时，太阳系也发生了类似的事情）。结果将是违反向质心加速的假设，并且两颗恒星中较快的一颗将拉动较慢的一颗。

用萨里的话来说，因为通常使用的方程式"无法处理非常简单、行为良好的离散系统，所以不能指望它能够可靠地预测更复杂背景下的情况"。毫无疑问，大多数星系都符合"更复杂"的描述。也许令人惊讶的是，萨里确实希望发现暗物质，但暗物质的分布不会像目前预测的情况。他得出结论："确实，对大量暗物质的寻找似乎是对某种不存在的物质的寻找；这是一个数学错误。另外，在我们的天空发生了如此多的事情，人们一定期望发现一些可以被称为'暗物质'的东西。"

目前还不清楚这个最终的期望从何而来——也许是试图掩盖天体物理学家已经在暗物质理论上浪费了时间的事实。然而，萨里的数学质疑增加了宇宙中正在发生的事情的复杂性。暗物质不仅可以归结为未知粒子或修正引力，它也可能是一个数学幻想。

这就是目前暗物质不确定的状态。但是我们的另一个课题——暗能量呢？为了找到更多信息，我们首先要看看人们是如何发现宇宙的大小和膨胀的。

# 4

## 宇宙有多大

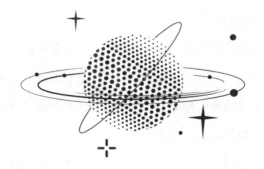

▶▶▶

## 1. 宇宙的测量

　　我们一直在谈论星系和星系团，就好像它们是显而易见的东西一样，但是我们大多数人从未在照片之外看到过它们。即使天文学家的装备库中增加了望远镜，要确定宇宙的大小并对其有一个真实的认知仍然很棘手。

　　确实有些恒星比其他恒星亮，天真的说法是恒星越亮，离我们越近。我们知道太阳比其他的恒星亮得多，所以这个说法在一定程度上是有道理的，但是亮度不能作为距离的充分度量。恒星的距离可能相同，但亮度却不同（如亚里士多德的模型所假设的那样），或者它们可以分散在很宽的距离范围内。这同样适用于我们现在所知道的遥远星系。但是我们如何测量太空中的距离呢？如果不能带着卷尺出去，怎么可能知道呢？

　　我们可以通过一个简单的实验测量到恒星的距离，这是最早的实用方法。举起一根手指在面前，然后交替闭上左眼和右眼。这样做时，手指似乎在背景前移动。现在，将手指放在一臂远的地方，然后重复该实验。手指似乎仍在移动，但移动距离没有刚才那么大。某物离你越远，当你在双眼之间切换视点时，它的移动距离似乎越小。

　　你应该能够使用同样的技术——视差法来测量恒星有多远。先用一只眼睛看，再用另一只眼睛看，它应该会出现移动。但是，在现实中，如果你看着星星，左右眼交替看，是看不到任何移动的。这并不奇怪，因为我们现在知道它们离我们有多远。但想象一下你的两眼相距 30 万千米，那么这种移动将会更大。这个相对容易做到。如果你观察夜空中的某物，然后等六个月后再观察，地球将绕到太阳的另一边，偏移约 30 万千米，这确实足以测量到较近恒星的距离。

　　天文学家在测量天体距离的过程中利用了这种效应。如果用标准的科学距离单位"米"来衡量，那么即使最近的恒星的距离表示出来也是相当混乱的。比邻星大约在 38 000 000 000 000 000 米之外。不可否认，科学家们更喜欢使用指数来处理比这个大得多的值——10 的幂。科学家会把这个距离写成 $3.8 \times 10^{16}$ 米，其中 $10^{16}$ 表示 1 后面有 16 个 0（如果想表示一个非常小的数字，比如 0.000 000 000 09，他们会写成 $9 \times 10^{-11}$，意思是 9 除以 $10^{11}$）。然而，天文学家倾向于用光年和普通人交谈，用秒差距和同行交谈。

　　如我们所知，1 光年是光在 1 年内走过的距离——大约是 9 467 000 000 000 千米。这是很有用的，因为仅仅几光年就可以代表一个相当大的空间距离，而这个值可以立即告诉我们所看到的时间倒流。举个例子，当我们观察仙女座星系时，大约 250 万光年远，我们看到的是它 250 万年前的样子，远早于人类的存在。

说到秒差距，又要回到我们移动手指的小把戏——秒差距（Parsec）是"视差弧秒"的缩写。一个完整的圆被划分成 360 度，每份是 1 弧度的曲率。所以，一度是一个完整圆的 1/360。一分钟弧度是一度的 1/60，一秒弧度是一分钟弧度的 1/60。如果一个物体离地球只有一秒差距，那么地球从公转轨道的一边到另一边的视差就是 2 角秒的弧度。在给定地球公转轨道直径的情况下，通过几何计算，你可以算出移动一秒弧度的恒星与地球的距离约为 $3.1 \times 10^{16}$ 米，大约为 3.26 光年。

在最初兴奋地用视差法测量我们近邻的距离之后，人们很快就发现宇宙比任何人预期的都要大得多。有很多恒星根本不会发生任何可检测到的位移，即使是从地球轨道的相反方向——它们离我们太远了，测量它们的距离需要更多的猜测和使用标准烛光。

## 2. 通过标准烛光计算

想法很简单。如果我有两根完全相同的蜡烛，并且其中一根的位置比另一根远，那么远的那根看起来就会比近的那根暗淡。如果我测量两者的相对亮度，并知道较近的蜡烛的距离，我应该能够计算出较远的蜡烛的距离。同样的，如果天空中有两颗恒星的实际亮度相同，但其中一颗离我们较远，我们可以通过视差法测量离我们较近的那颗恒星的距离，然后用视亮度的差异计算出较暗的那颗恒星的距离。

这听起来很好，但是我们怎么知道两颗恒星的实际亮度是一样的呢？也许较暗的那个离我们同样远，但只是……较暗。或者一颗较亮的恒星可能比一颗较暗的恒星离得更远，这使得它发出的光看起来比实际发出的光要暗。例如，在猎户座中，最亮的参宿七（Rigel）比最暗的主星参宿三（Mintaka）远三倍，参宿三在"腰带"的右边（参宿三实际上是一个包含了四颗恒星的复杂系统）。

为了能够使用标准烛光，天文学家必须找到一种方法来识别可以依赖的具有相同亮度的特殊类型的恒星。幸运的是，有一些独特的恒星家族，它们的亮度可以较准确地预测。不同类型的恒星中具有不同的物质组合，可以使用分光镜对其进行识别。有一种恒星比其他恒星更具特色。

最早的标准烛光是变星，这些恒星会随着时间的推移而变亮或变暗，并遵循一定的规律。用作标准烛光的经典变星被称为造父变星，因仙王座而得名。它们似乎有一个周期，有时因恒星内部反应的压力而膨胀，有时则在引力作用下坍缩。

当一位开创性的女天文学家亨丽埃塔·斯旺·勒维特（Henrietta Swan Leavitt）首次对变星的亮度变化进行测量时，变化的原因尚不清楚。勒维特毕业于哈佛大学，曾在学院天文台工作，研究大、小麦哲伦星云（Small and Large Magellanic Clouds）这两个卫星星系中的变星。她对大量的变星进行了分类，发现恒星的视星等越大，光变周期越长。

勒维特在1912年发表的一篇论文中确定，小麦哲伦星云中的一组变星的光变周期与观测到的亮度之间存在线性关系。由于所有这些恒星的距离大致相同，她推断出它们从变亮到变暗再到变亮所花的时间可以用来衡量它们的实际亮度。因此，如果你发现两颗相同种类的变星具有相同的闪烁速率，但其中一颗总是比另一颗更亮，那么更亮的那颗更近。一年后，丹麦天文学家埃希纳·赫茨普龙（Ejnar Hertzsprung）测量了银河系中几颗造父变星的距离，并校准了这些"标准烛光"。

到20世纪20年代，人们已经测量了许多恒星的位置，但有些事仍不能确定——银河系是宇宙的中心吗？每颗恒星是在银河系中还是在其周围漂浮？这庞大的恒星集合体仅仅是许多"岛屿宇宙"（星系）中的一个，分布在更大的宇宙中吗？那时银河系已被确定为两侧相距约10万光年，在银河系范围之外或者银河系延伸向麦哲伦星云的地方，还没有发现任何恒星。

1923年，美国天文学家埃德温·哈勃（Edwin Hubble）提出了确凿的证据。他正在研究仙女座星系，当时被称为仙女座星云。在当时可用的强大望远镜的协助下，他发现这个星云是一个巨大的恒星集合。哈勃发现了一种合适的变星——造父变星——能够确定星云离我们有多远。他计算了一下，那是 90 万光年远的地方，离银河系很远。

事实上，哈勃在距离测量中犯了一个错误。有两种非常相似的造父变星，在相同的闪烁速率下，其亮度有明显的差异。他把一种类型的恒星和另一种来自第二家族的恒星做比较。当这个错误被纠正的时候，人们发现仙女座星系距离地球约 250 万光年。正如我们所见，这使它成为人类肉眼能看到的最遥远的物体。

哈勃发现拥有数十亿颗恒星的银河系只是宇宙的一小部分，这已经是一个令人印象深刻的成就了——但他接着又发现了更惊人的东西。

## 3. 宇宙正在膨胀

哈勃的第二个伟大发现是多年来使用分光镜进行测量的结果。正如我们所见，这是天文学家用来测量恒星内部元素的技术。事实上，值得注意的是，分辨出组成恒星的元素比精确地发现它有多远容易得多。

当你把东西加热时，它们开始发光。但是，不同的化学元素并不是发出彩虹的每一种颜色，而是以非常特定的颜色带发光。例如，金属钠就有一个很强的黄色带，这就是为什么钠蒸汽路灯会发出独特的黄橙色光芒。这个过程反过来也是一样的。当白光（包含彩虹的所有颜色）穿过一个像恒星一样包含不同化学元素的物体时，这些元素所特有的颜色被吸收，在光谱中留下被称为吸收线的黑色缝隙。如果恒星发出的光的黄色部分有一条黑线对应于钠的关键颜色，你就知道该恒星大气中有钠的存在。

早在1912年，美国天文学家维斯托·斯里弗（Vesto Slipher）和米尔顿·赫马森（Milton Humason）就注意到，一些星云在分光镜中呈现出令人意想不到的颜色。正如你所预料的那样，线条的图案被隔开了——但是颜色也发生了变化。我们都遇到过不同种类的频谱会发生变化的情况，当你听到响着警笛声的救护车或警车向你驶来，从你身边经过并离开时，声音的音调会发生变化，这被称为多普勒效应。当汽车向你驶来的时候，组成声音的声波被挤压在一起，当汽车驶离时又被拉伸，改变了你听到的声音的音调。

我们听不到星系的声音，但如果它们向我们移动或远离我们，光线的颜色就会经历多普勒频移。如果你把光看作一种波，那么多普勒效应会使光的频率改变——我们看到光波的频率就是它的颜色。如果你更愿意认为光是由被称为光子的粒子组成的，那么朝向我们星系的光子有额外的能量，而那些远离我们星系的光子有更少的能量。我们把光子的能量与它们的颜色联系在一起。

　　不管怎样，当太空中的物体向我们移动时，它的光变得更蓝——它经历了一个蓝移。正如我们在宇宙微波背景中已经发现的，如果一个物体正在远离或者中间的空间在膨胀，那么它发出的光的光谱就会向红光光谱方向移动，发生红移。斯里弗在许多星云中发现了这样的红移，到20世纪20年代中期，哈勃已经确定这些星云是星系。到1929年，哈勃能够确定几乎所有被观测到的星系都发生了红移。除了附近的个别例外，例如仙女座星系有一个蓝移，而其他的星系都在远离我们。

　　我们在这里看到的是两种截然不同的作用效果。对于仙女座星系这样（相对）紧密的结构来说，它和银河系之间有着相当大的引力，这两个星系处于碰撞过程中（没有什么好担心的——离它们相遇还有大约40亿年，到那时我们的太阳很可能已经吞噬了地球）。但是大多数其他星系正在展示一些更有趣的东西。它们都在发生红移，远离我们。正如我们所见，宇宙作为一个整体正在膨胀。

　　我们似乎处于膨胀的中心，这可能看起来很奇怪——因为除了像仙女座星系这样的异常外，每个星系都在向四面八方远离我们。但实际情况却大不相同。与其说是星系本身在移动，不如说是它们所在的空间在膨胀。这很难理解，因为它同时发生在三维空间中。在二维空间中会更容易想象。

　　想象一个气球（你可以在家里试试）。气球的表面实际上是二维的，没有深度。把气球吹大一点，在上面画点。然后再把气球吹大一些，每个点都将停留在气球上的一个位置上。它们不会在气球上移动，它们是固定的。但是因为气球本身变大了，这些点便会相互远离。随便选一个点，其他的点都会远离那个点。同样的，在膨胀的宇宙中随便找一个星系，所有其他的星系都在远离它。尽管出现了银河系，但它并没有占据特殊的位置。

　　更神奇的是，哈勃发现星系离我们越远，它的运动速度就越快，这种效应后来被命名为哈勃定律（Hubble's law）。哈勃似乎对解释这些数据并不是特别感兴趣，只是把它们呈现出来。但其他一些人，比如俄罗斯物理学家亚历山大·弗里德曼（Alexander Friedmann），展示了如何用爱因斯坦的广义相对论描述一个不断膨胀的宇宙；而比利时物理学家、罗马天主教神父乔治·勒梅特（Georges Lemaître）明确提出了一个宇宙膨胀的模型，其膨胀率与哈勃公布的膨胀率惊人地相似。

　　勒梅特指出了这种膨胀的一个有趣的结果，如果你想象制作一个宇宙（或气球）膨胀的视频，然后把它倒着放，你就可以想象出来。如果我们设想一下这个气球，当我们把视频倒放时，气球会变得越来越小。如果它是一个非常特殊的气球，它可以变得像你喜欢的那样小（而不是变得软绵绵的），那么在某个特定的时间点它会消失成一个点。现在想象一下对整个宇宙做同样的事情。如果你追溯过去，大约 138 亿年前，宇宙消失到某一个点。这就是有时被称为大爆炸的时间点。

根据我们能看到的极限，一旦设定宇宙的年龄，我们就可以说出它的大小。如果宇宙形成于 138 亿年前，那么光向我们传播的最长时间是 138 亿年 [1]。光几乎不可能在宇宙开始之前就开始传播。你可能认为这意味着可见宇宙的直径应该是 276 亿光年（因为光已经从各个方向向我们传播了 138 亿年），但这不包括我们知道的宇宙发生的膨胀。

如果光经过了 138 亿年到达我们，那么光在 138 亿年前就开始传播了。但是，当它在路上的时候，宇宙已经膨胀了，膨胀了很多。事实上，最遥远的光向我们展示了大约 455 亿光年远的物体。由此，我们可以有把握地说，宇宙的直径至少有 910 亿光年，可能更大——甚至可能是无限的——但这是我们所能看到的极限。

自从古希腊人认为太阳系和周围的星球构成了宇宙以来，我们对宇宙的认识已经发生了很大的变化，真是令人惊叹！在文艺复兴时期，人们一直认为除了太阳、几颗行星和一百多颗恒星外，

---

1  在实践中，正如我们在第 3 章中看到的，大约是 135 亿年，因为宇宙一开始是不透光的。

没有别的东西。有了更好的设备，我们认为宇宙就是银河系，银河系里有数十亿颗恒星。现在我们知道，还有一些星系非常大，它们有多达 100 万亿颗恒星。并且也不是只有几个星系，在我们能看到的宇宙中，可能有多达 1 500 亿个星系。

这些恒星中有许多与我们的恒星非常不同。但如果我们只考虑那些相对相似的行星，仅银河系就可能有多达 500 亿颗行星。直到最近，人们才能判断另一颗恒星是否有行星。它们离得太远，无法通过反射恒星的光被我们看到，但是行星围绕恒星运动使恒星产生了一种独特的摆动。

通过测量恒星摆动的方式，我们可以推断出它们周围的轨道。在我撰写本书时，人类在太阳系外已经发现了近 4 000 颗行星。要找到类似木星的大行星比较容易（而且它们不太可能适合人类居住），因为它们的影响较大，但也有一些较小的行星已经被发现，它们可能孕育着生命。毫无疑问，宇宙是一个非凡的地方。

## 4. 宇宙的背景故事

大爆炸仍然是关于宇宙起源最好的、得到最广泛支持的理论。因此，从宇宙生命周期的角度出发，开始探索暗能量和宇宙膨胀似乎是正确的。当我们这样做的时候，你应该记住，虽然大爆炸理论符合所有当前的观测结果，但它必须进行重大的修正才能符合，而且它只是几种理论中的一种。为了方便起见，我将把大爆炸当作事实来描述（在科学上通常如此），但是它应该被视为可用的最佳理论，而不是终极真理。

大爆炸模型认为宇宙始于大约138亿年前，当时整个宇宙以一个被称为奇点的无限小的点的形式存在。很多人想知道"大爆炸之前发生了什么？"，而在基本的大爆炸模型中，答案非常简单：大爆炸[1]之前什么都没有。在这之前不仅什么都没有，而且根本没有"之前"。因为我们对大爆炸的理解符合一个基于爱因斯坦的广义相对论的宇宙模型。

广义相对论是20世纪科学的杰作之一，它描述了引力的作用。早在17世纪，艾萨克·牛顿就已经描述了万有引力的基本定律，但他并没有试图解释万有引力是如何把物体从远处拉回来的。在他的杰作《原理》（*Principia*）的拉丁文原著中，他写道："我不作假说。"——我没有提出任何假设。

但是广义相对论不仅解释了引力，它还描述了空间和时间在质量影响下的行为——物质对它们做了什么。在这里，它不把空间和时间当作独立的实体。相反，它们被认为是一种叫作时空的

---

1　对于学究来说，严格地说，大爆炸并不是宇宙的开始，而是在极其微小的几分之一秒之后膨胀的开端。

东西，而时间是另一个相当特殊的维度。在大爆炸模型中，时空基本上始于大爆炸。时空的开始是一切的开始，包括时间本身。不可能有"大爆炸之前"，因为那之前没有时间。

在这幅图景中，科学没有解释大爆炸为什么发生的机制，它只是发生了。你可以说"这是上帝做的"，或者"这是自发的"，或者"我们不明白为什么会这样"——结果是一样的。在标准的大爆炸模型中，是不可能找出原因的，宇宙只是产生于一个无限小的点。它有时被"解释"为起源于最初真空中的量子涨落——但这仍然引起了使这些量子涨落成为可能的自然法则从何而来的问题。

在很短的时间内，这个实体开始膨胀。它的开始是在科学理论之外的，因为其所涉及的能量密度实际上是无穷大的，但一旦这种膨胀开始，我们就有了可以应用科学的东西。它仍然是非常小的东西，比原子小得多。我们现在在宇宙中看到的一切——每一颗恒星和行星，数十亿个星系中的每一个物质——都被压缩到这么小的尺寸，这似乎令人费解。

不可否认，原子内部大部分空间是空的。到目前为止，你身体最大的组成部分是空的。如果你把一个原子（任何一个原子）放大，直到你能看到原子核——原子核是原子的中心部分，它拥有大部分的质量——原子核在原子中的大小，相当于教堂里一只苍蝇的大小。除了几个电子在原子外围以概率云的形式快速移动外，其余部分都是空的。但是，即使在宇宙的最初阶段，有某种方法可以消除空隙，我们仍然会有一个问题。

据估计，如果你把整个人类，移除他们身体的原子中所有的空隙（超级恶棍应该注意——这在物理上是不可能实现的），他们将被压缩到一粒方糖的大小。但是我们谈论的是将整个宇宙——所有的恒星和星系——放入一个比原子小得多的空间。从表面上看，这似乎是不可能的。

然而，有两个重要因素使宇宙起源成为可能。第一个因素，早期的宇宙中根本就没有任何物质。如我们所见，爱因斯坦的另一项伟大的工作，狭义相对论（包括质能方程），它反映了能量和物质是可以相互转换的。能量不像物质那样占据空间。

奇怪的是，将整个宇宙压缩成一个点的另一个促成因素是，宇宙并不需要一开始就有很多物质，只是在最后才会变成现在的样子，这是因为引力可以被认为是一种负能量。[1]一旦你把宇宙中所有物质的质量和所有物质的引力结合起来，它们就会相互抵消。在宇宙最初形成的时候，并没有太多的物质（也许根本就没有）。

---

1 想象一下，两个物体相隔很远，静止不动。因为吸引力可以忽略不计，所以没有动能，也没有引力产生的能量。但当它们靠得更近时，由于引力的作用，它们会向彼此加速，引力和动能都增加了。因为能量不能被创造出来，这就意味着与动能相比，引力能一定是负的。

第一个大事件发生得很早。在宇宙形成后大约 $10^{-36}$ 秒，宇宙经历了一个叫作暴胀的短暂阶段。它就是膨胀，就像我们现在看到的宇宙膨胀一样，但它的膨胀速度非常惊人。提醒一下，指数 36 之前的负号意味着 $10^{-36}$ 等于 1 除以 $10^{36}$，而 $10^{36}$ 是指 1 后面有 36 个 0。这次暴胀发生在宇宙诞生后 1/1 000 000 000 000 000 000 000 000 000 000 000 000 秒的时候。

宇宙暴胀不是一个漫长的过程，但其空间增长却是巨大的。到暴胀结束的时候，宇宙的年龄仍然只有 $10^{-32}$ 秒，这一史诗般的膨胀发生在极短的时间内。然而在那段时间里，宇宙空间增长了至少 $10^{30}$ 倍，甚至可能达到 $10^{70}$ 倍。慢慢地把这些数字加进去，宇宙至少比开始时大了 1 后面加 30 个 0 这么多倍。我们仍然不是在谈论一个巨大的宇宙——它比现在的星系还小，很可能只有一个葡萄柚那么大——但它以前要小得多。要膨胀得如此之快，宇宙的膨胀速度必须远远超过光速。

这里似乎存在一个问题，因为爱因斯坦的狭义相对论告诉我们，任何事物在真空中传播的速度都不可能超过真空中的光速（每秒约 30 万千米）。但是我们必须记住，宇宙膨胀时，无论是使星系发生红移的"正常"膨胀还是超快速膨胀，物质都不会在空间中移动，是空间本身在膨胀，而膨胀的速度是无限的。

当宇宙的年龄只有几分之一秒的时候，它是如此热，以至于从纯能量开始形成的物质粒子不是原子，甚至不是我们熟悉的亚原子粒子（如质子、中子和电子），而是夸克。我们现在看不到单个夸克，因为它需要大量的能量来分裂质子或中子，但在亚秒宇宙中，这些神秘的粒子是物质的自然形态，形成了所谓的夸克-胶子等离子体。

当宇宙膨胀了大约一秒钟的时候，它已经冷却到足以形成质子和中子的程度（这基本上意味着单个粒子在膨胀时失去了能量）。产生的不仅有我们熟悉的物质，还有等量（或接近等量）的反物质。很快，大多数质子和中子与反物质结合，转化为能量，同时产生电子和正电子（以及其他相关粒子）。几秒钟之内，它们也互相湮灭了。然而，物质和反物质之间的对称性似乎有点奇怪，这意味着一些物质粒子将被遗留下来。目前尚不清楚这种效应是否足以解释我们所看到的物质数量——这是大爆炸理论中较弱的一个方面——但我们知道，现在宇宙中看不到很多反物质，所以一定发生了什么事情改变了平衡。

接下来，我们进入了宇宙生命的最初三分钟，在这个阶段，宇宙主要是由光子的能量构成的，但也有物质，在接下来的几分钟里，宇宙有足够的温度和压力，就像一颗巨大的恒星，把氢离子（氢离子是一个没有电子的氢原子，只有一个质子）转化成氦离子，就像今天的太阳一样。这个融合过程只持续了几分钟。那时温度已经下降了，从大约 10 亿摄氏度下降到仅仅 1 000 万摄氏度，宇宙的膨胀使它超越了恒星运行所需能量的极限。

到目前为止，宇宙中含有氢、氦和重量稍有增加的另一种元素——锂。目前，所有这些物质都是以离子的形式存在——带正电荷的粒子，电子分别在周围闪烁。等离子体中的电荷使光子很难远行，因为它们很容易与带电粒子相互作用，所以早期的宇宙物质是不透明的。

在类恒星周期结束后，随着宇宙的膨胀和冷却，一段很长的时间过去了。大约 37 万年后，这些氢、氦和锂离子失去了足够的能量，使电子相对容易与它们连接起来，将它们从离子变成氢、氦和锂原子。既然形成了合适的原子，宇宙就变得透明了。在被捕获之前，光子可以传播较大的距离。它们开始自由流动，如我们已经看到的那样，通过释放成为宇宙背景辐射的东西，使这成为一个非常重要的时间点。

在这个阶段，多亏了早期的难以置信的快速膨胀，宇宙中物质的分布非常均匀，只有微小的密度变化，这是由单个粒子固有的波动性造成的，这些粒子遵循量子理论，预示了行为的随机性。但随着时间的推移，这些宇宙密度的微小变化开始增长。如果宇宙中所有的物质都被完全均匀地分散开来，那么宇宙就会保持稳定，但在有物质成团的地方，其他粒子会被稍微大一点的团块的引力吸引。

更多的时间过去了。在宇宙生命的 1 亿到 10 亿年里，这些团块物质已经变得如此之大，以至于它们形成了恒星和星系的早期起源，我们现在称之为类星体。类星体是"类似恒星天体"一词的简称，因为类星体看起来像极亮的恒星，但在其遥远的距离上，它们比任何恒星都要亮得多。在一个巨大的、进化的时间尺度中，我们现在知道的星系和恒星的形态开始在超过几十亿年的时间内聚合。

并不是所有的星系和恒星都是同时形成的。银河系外晕中的一些恒星已经存在超过 130 亿年。把银河系的起源放在宇宙的早期，主盘似乎是在 85 亿年前形成的，那时宇宙已经形成超过 50 亿年了。但星系形成的过程是一个连续的过程，由持续的引力驱动。例如，我们的太阳系在大约 50 亿年前就开始聚集在一起，由那些早期恒星的物质以及遍布太空的大爆炸的残余物质构成。到 45 亿年前，我们今天所知道的太阳系的基本结构已经形成。

宇宙继续膨胀，且在这 138 亿年里持续降温。恒星仍在形成，也在爆炸。当我们观察周围的天空时，宇宙的演化仍在进行。到 20 世纪 20 年代，我们已经发现了这种膨胀，并由此建立了大爆炸模型。这本身就够了不起的了——但是，后来由于人们发现宇宙膨胀不是恒定的，或者宇宙也可能由于引力的作用而减慢膨胀速度，这一发现又使它黯然失色。现在，宇宙正在加速膨胀。

# 5

## 宇宙加速膨胀

▶▶▶

## 1. 香槟超新星

　　弗里茨·兹维基的一项重要工作始于 20 世纪 30 年代，并在他的整个职业生涯中一直持续，除了确认暗物质的作用之外，他还从事超新星研究。恒星消耗了可用于聚变的氢燃料后继续消耗较重的元素，它会经历一个老化过程。有些恒星，比如我们的太阳，可能会变成一颗红巨星，然后在年老时变成一颗白矮星，另一些恒星则在生命的最后阶段突然坍缩。一种特定类型的白矮星，大小合适（比太阳还大），在坍缩过程中会变得非常不稳定，从而产生巨大的核爆炸——超新星诞生了。

　　根据产生超新星的恒星的大小和结构，有几种类型的超新星。最早被确定的是 Ia 型和 II 型。Ia 型超新星是由一颗古老的白矮星从双星系统中另一颗与之共存的恒星吸收物质而形成的。这就使白矮星超过了 1.4 倍太阳质量的极限，达到这个极限，这些恒星就会暂时稳定下来，进而触发一场突然的剧烈核反应，将恒星中的大部分能量通过爆炸释放掉。相比之下，II 型超新星产生于一颗更大的古老大质量恒星的核心发生内爆时，该恒星的质量大约是太阳的 8 到 50 倍。恒星的外部向外爆炸变为超新星的可见部分，留下了两个引人注目的天体（中子星或黑洞）当中的一个。

顾名思义，中子星中的大部分物质都是由中子组成的。如果没有带电质子的排斥力使它们分开，中子就会坍缩成密度极高的质量体。如果你有一颗葡萄大小的中子星，它将重达1亿吨。一颗一开始普通大小的恒星演变为中子星后会和曼哈顿岛的大小差不多。

如果你靠近一颗中子星，那将不是一次很舒服的经历。首先，它们很热。太阳表面的温度约为5 500 ℃（内部温度更高，但我们直接感受到的是外部温度）。中子星作为超新星恒星的坍缩核心，其表面温度通常高达1 000 000 ℃。另外，由于中子星的小体积，你可以比普通恒星更接近它，所以它在你体内产生的潮汐力会比普通恒星大得多。靠近一颗中子星，你的宇宙飞船的一端和另一端的引力会有巨大的差异。

当飞船离恒星较近的一端被拉离较远的一端时，结果是，你的飞船将被拉伸成一条细长的带状，这一过程被天文学家们称为"意大利面条化"。同样的过程也会发生在你身上，你会被拉伸成粉红色的意大利面。中子星是宇宙中的坏孩子，但与另一种II型超新星的潜在产物黑洞相比，它也显得胆小。

黑洞已经成为太空神话以及虚构太空旅行的一部分。在电影中它们经常被描绘成太空中的黑色球体，有着不可抗拒的引力，就像真空吸尘器一样吸进周围的一切东西。好莱坞电影告诉你，一旦靠近黑洞，无论你做什么，你都将不可避免地被吸进去，现实情况则大不相同。黑洞具有与坍缩前完全相同的引力，但相比于靠近中子星，你可以更靠近它。

　　导致黑洞形成的引力是如此之大，以至于它们克服了泡利不相容原理——一种防止物质粒子过于接近彼此的机制。原则上，黑洞中的所有东西都已坍缩成一个奇点——一个无量纲的点，类似于为大爆炸设定的点（见第 95 页）。我们倾向于认为黑洞的外部实际上是它的视界线——距离黑洞中心很远的那个球体，那里的引力很强，任何东西，甚至光，都无法逃脱。当描述黑洞行为的数字达到无穷大时，黑洞的确切性质就变得极具推测性，这表明我们的理论已经崩溃。但是所有证据都表明，确实存在着近似于黑洞的天体，它们既存在于超新星衍生的、恒星大小的天体中，也存在于超大质量的黑洞中，这些黑洞似乎构成了大多数（如果不是全部）星系的核心。

　　这两种超新星，Ia 型和 II 型，无论它们能留下什么，它们在爆发过程中都会产生短暂的、特别明亮的光束——有时甚至比整个星系发出的光还要亮。它们与地球不同，因为第二类超新星的光谱中有氢，而第一类则没有（I 型超新星分为三个子类：a 类包含硅，b 类包含氦，c 类既不包含硅也不包含氦）。正如我们所见，天文学家使用明亮的天体，如造父变星，其亮度往往具有可预测的水平，作为标准烛光，以确定远远超出视差法测量范围的距离。普通恒星的光度不足以在遥远的星系中被单独探测到——更亮的恒星，如超新星，显然是新标准烛光的候选者。理论上显而易见的东西却难以在实践中确定。直到 20 世纪 80 年代末，大约过了 50 年才有人提出，Ia 型超新星会提供这样一个固定光度源，从而推断出它与其他星系的距离。

这听起来很简单，但在实践中，超新星被证明是远不如变星可靠的标准烛光。其中一个问题就是很难发现它们。超新星是单个事件，从地球上只能看到几天或几周，要找到它们，需要对不同时间望远镜拍摄的图像进行艰苦的对比，以期发现一颗似乎是新恒星的星体。早期的搜索一次持续了几个月，却没有发现一颗新的超新星。

使用超新星作为标准烛光的另一个大问题是一致性。到 20 世纪 90 年代初，人们已经清楚地认识到，即使是作为标准烛光的最佳选择，Ia 型超新星之间也存在相当大的差异。当两颗 Ia 型超新星在同一个星系中被发现时，这一点就很明显了——它们离地球的距离大致相同——但其中一颗的亮度是另一颗的 10 倍。即使两颗超新星碰巧具有相同的亮度，如果其中一颗比另一颗含有更多的星际尘埃，它们在相同的距离上也会出现差异——这比变星的问题要大得多，变星的问题在于它比被研究的遥远星系要近得多。使用超新星作为标准烛光的整个过程充满了潜在的困难。

　　值得庆幸的是，新技术为天文学家提供了一条新途径。从早期开始，天文学就依赖人类肉眼探测天空光线的能力，自伽利略以来，这种能力通过透镜得到了增强。接下来的一大步是在19世纪80年代，天文学家的装备库中增加了照相底片，它可以在一段时间内收集同一来源的光（前提是望远镜不断地移动以适应地球的自转），这有效地放大了恒星发出的光。但从20世纪80年代开始，越来越复杂的电子探测器——类似于现代手机中使用的摄像头——可以用来收集入射的光子，并随着时间的推移建立更复杂的天空图像。

　　与照相相比，这些探测器的优势在于，它们不仅使建立更显著的图像变得容易，而且能够随着时间的推移监测宇宙源的输出。这是一个至关重要的优势，因为超新星在恒星爆炸过程中经历了不同的阶段，先是变亮，然后变暗。通过绘制亮度的变化图，显示亮度变化的速率，可以生成一个称为光变曲线的图表。利用这些方法，人们可以进一步细化超新星类型之间的区别，而不仅仅是将它们划分成不同的类型——每一种类型在光变曲线上都有自己的"指纹"，这使Ia型超新星重新成为潜在有用的标准烛光。但这种技术一旦存在，就不再需要把它们当作标准烛光来使用了：现在它们是被校准过的烛光。根据光变曲线的形状，可以推断出超新星的距离。

超新星将在暗能量的发现中扮演重要角色，同时还有另一个天文学上的宠儿——红移。我们已经看到哈勃和其他人通过观察不同星系的红移来测量宇宙膨胀的速度。结合星系的红移和到这些星系的距离，天文学家希望能够探测到宇宙膨胀减慢的速度。

宇宙膨胀放缓的想法几乎是必然的。宇宙中的一切都相互吸引——引力没有作用距离上的限制。因此，随着时间的推移，人们能预测星系之间的万有引力会逐渐压倒宇宙的膨胀。通过观测遥远宇宙的红移——考虑到光到达地球所需的时间，它们被视为宇宙数十亿年前的样子——然后将红移与星系的距离结合起来，我们就有可能计算出从早期到现在宇宙膨胀的速度减慢了多少。

## 2. 天文学家和物理学家的对决

随着对超新星类型的理解以及探测它们的技术在 20 世纪 90 年代变得更加先进，两个团队开始齐头并进，试图测量宇宙膨胀的减速。他们来自非常不同的背景，不出所料，其中一个团队是天文学家，另一个团队是物理学家。

天文学比物理学早几百年，天文学家总是倾向于用自己的方式做事。这种划分可以追溯到数学和自然哲学之间的历史划分，后者现在被称为科学。虽然我们现在把数学和科学放在一个连续体上，例如，斯蒂芬·霍金以前在剑桥工作的地方是应用数学和理论物理系，最初天文学是唯一以数字为基础的科学，因此被认为是数学的一部分，而科学是定性的。

现在，天文学倾向于与物理学归为一类，但这些学科的实践者之间往往有着不同的思维方式。劳伦斯伯克利实验室（Lawrence Berkeley Laboratory）是美国最活跃的物理研究中心之一，在超新星研究方面，该实验室认为，他们的洞见将使他们在天文学家竞争对手中占据优势。

这个团队是伯克利粒子天体物理中心（Center for Particle Astrophysics）的一部分，我们已经在暗物质探测领域见过这个中心。暗物质确实是这个机构的主要关注点，该机构成立于1988年。该机构的工作人员正试图直接探测暗物质粒子，以及暗物质对宇宙微波背景辐射的影响。但该中心的运营者认为，更准确地了解宇宙中有多少物质也很重要，包括暗物质和普通物质。这将涉及使用遥远星系的红移来计算宇宙膨胀的减速，从宇宙膨胀的减速可以反过来估算产生这种制动效果所需的物质的量。

虽然伯克利团队的成员都是物理学家，但其中一些人已经有了寻找超新星的经验。索尔·珀尔马特（Saul Perlmutter）和卡尔·彭尼帕克（Carl Pennypacker）在20世纪80年代中期一直致力于自动化系统的研究，以便从夜空明亮的光线中识别出超新星。从历史上看，这是通过取一对天空同一区域的照相底片进行的，然后反复在两张底片之间翻转，希望通过肉眼发现不同。但电子扫描技术使从两幅图像中提取数据成为可能，将其中一幅图像减去另一幅图像，然后寻找剩下的对比点——这些对比点可能是在拍摄的图像之间出现或消失的物体，这是超新星的特征。

珀尔马特和彭尼帕克与彭尼帕克的导师理查德·马勒，以及一些研究生一起，在加州拉斐特的莱施纳天文台（Leuschner Observatory in Lafayette）使用一台 760 毫米口径望远镜，成功发现了超新星。所谓的伯克利自动超新星搜索（Berkeley Automatic Supernova Search，BASS）团队于 1986 年 5 月首次探测到超新星，但他们只能为附近的几颗超新星提供数据，而这些数据并没有为计算更广阔宇宙的超新星提供必要的依据。

要得到宇宙膨胀减速的有用图像，就意味着要获得更遥远星系的数据。该团队需要比他们一直使用的相对较小的望远镜更大的望远镜，并且能够获得资金来生产一种新的、更高规格的摄像头，这种摄像头将被安装在令人印象深刻的 3.9 米[1] 口径的英澳望远镜上，该望远镜可以追溯到 20 世纪 70 年代中期，位于澳大利亚新南威尔士州的赛丁泉天文台（Siding Spring Observatory）。

---

1 对于那些更熟悉以英寸为基础的测量方法的人来说，相较于 100 英寸口径的威尔逊山望远镜或 200 英寸口径的帕洛玛山望远镜，3.9 米口径的英澳望远镜有一个 154 英寸的镜面。

使用这种当时（现在依然）需求量很大的望远镜的缺点是，分配给该团队的观测时间受到严格限制（那些分配时间的人甚至可能特别吝啬，因为伯克利的团队不是"真正的"天文学家）。在20世纪80年代后期该项目运行的大约30个月的时间里，团队总共被分配了12个观察之夜，其中只有两个半是可用的。最初对超新星进行了6次候选观测，但在进一步分析后，6次观测均被排除。在试图比以往任何时候都更深入地观察宇宙深处的过程中，这个团队在现有技术的极限下工作，经过三年的努力，结果是一片空白。

这种高尚的失败在科学界比较常见，许多实验根本行不通，原则上这是一件好事。如果科学家只从事肯定会成功的项目，他们就不会拓展知识的边界。只有承担风险，我们才能进步。然而，科学家也是常人——如果说这次失败对相关人士来说不是一次痛苦的挫折，那是不公平的。伯克利团队现在不得不向那些掌管钱袋子的人说明重复失败的原因，但这也于事无补。然而，他们成功地说服了粒子天体物理学中心的官员们，这个问题并不是他们的方法论造成的，他们需要一个更好的照相机和一个位置更好的望远镜。

乍一看，伯克利团队提出的仪器选择很奇怪，他们想搬到艾萨克·牛顿望远镜所在地，这台2.5米口径的望远镜于1967年在皇家格林尼治天文台首次面世。尽管有这个名字，天文台并不位于伦敦格林尼治区，而是位于苏塞克斯（Sussex）的赫斯特蒙索城堡（Herstmonceux Castle）的宏伟环境中。20世纪50年代，为了改善观测条件，天文台被搬到了这里。同样的，1979年望远镜被移到了北非海岸外加那利群岛（Canary Islands）的拉帕尔马（La Palma），那里的天气要比多云的英国好得多。

伯克利研究团队希望加那利群岛的气候能比澳大利亚的观测点提供更多的观测时间，再加上一个增强的照相机，这应该足以弥补略小的望远镜。当然，这个研究团队不会再有机会了。如果这次尝试完全像上一次一样失败，那么游戏就结束了。

### 3. 超新星考古

当时被称为伯克利超新星宇宙学计划（Berkeley Supernova Cosmology Project，SCP）的第一次突破出现在1992年5月，当时人们正在比较最近拍摄的图像和当年3月拍摄的图像。要求是发现一个变化，但如果新到达的是一个近地物体，比如一个误入视野的小行星，那么这些变化也可以被排除。5月，索尔·珀尔马特发现，有一个地方的强度变化无法排除。

在接下来的几周里，他不断地纠缠着世界各地的天文学家去确认他发现的潜在的超新星。凭一次目击是不够的——它需要确认，并且数据要比 SCP 所能提供的更多才是值得的。望远镜的使用时间有严格限制，而且通常在几个月前就已经为特定的项目预定好了——珀尔马特要求天文学家暂时把他们的工作放在一边，以试图证实他的发现，而他自己甚至都不是这个团体的成员。然而，他设法说服了足够多的人提供支持数据，能够确认超新星的存在并绘制出它的光变曲线。

但在检测超新星的红移方面，事情就没那么顺利了。超新星的红移，对于确定星系相对于我们的星系的运动是至关重要的。值得注意的是，珀尔马特说服了更多的天文台采用必要的光谱读数来确定 12 种不同情况下的红移。记住，推断红移取决于观察不同元素产生的谱线集合在超新星光谱中的实际位置偏移了多少。珀尔马特要求进行的 12 次观测中，有 11 次是恶劣天气，第 12 次，技术失败了。至今还没有关于这颗新的超新星的光谱数据。

到了 1992 年 8 月，珀尔马特做了最后的努力，说服一位极不情愿的天文学家读取光谱读数。4.2 米口径的威廉·赫歇尔望远镜（William Herschel Telescope）与艾萨克·牛顿望远镜在拉帕尔马的同一个天文台，成功地发现了可用的光谱。SCP 团队已经完全捕获了第一颗远距离超新星，这颗超新星的红移将打破纪录。此前发现的最遥远的超新星距今约 35 亿年，而这颗超新星距今约 47 亿年，约占宇宙寿命的三分之一。

这一发现受到了天文学界一些人的怀疑，特别是那些专门研究超新星的人，他们认为珀尔马特和他的同事们对观测的实际情况没有足够的掌握，也没有恰当的技术来处理诸如周围尘埃等因素带来的影响。但到了1994年，伯克利的SCP团队又向前迈进了一步。在那一年的头几个月里，他们通过仅6个夜晚的观测，就成功发现了6颗遥远的超新星。

## 4. 天文学家反击

伯克利团队取得了惊人的成功，与之前的尝试相比，他们现在似乎对遥远的超新星有了生产线般的观测方法，这刺激了一批天文学家，包括哈佛大学的布赖恩·施密特（Brian Schmidt）和在智利（以晴朗的天空而闻名）某天文台工作的尼古拉斯·桑泽夫（Nicholas Suntzeff），去对付那些闯入的物理学家。

这些竞争对手争先恐后地开发出必要的软件，用来对观测到的计算机图像进行比较，他们有机会在智利天文台进行首次观测（当时施密特在澳大利亚工作，使这一情况变得复杂）。和伯克利团队一样，他们的大多数尝试都失败了，但最后一次观测发现了一颗新的49亿年前的超新星，打破了伯克利的纪录。

与此同时，SCP团队并没有停滞不前。从1994年到1995年，他们开发了一种工业规模的超新星探测方法。他们在一个晚上观测数百个星系，几周后再次观测同一组星系。通过更先进的软件，他们能够在数小时内探测到潜在的超新星，然后让其他天文台跟进，确认这些观测结果，并获取光谱读数。现在 SCP 的科学家们不再是没有经验的闯入者，他们可以预定到能够支持他们工作的望远镜的观测时间，而不是像以前那样被迫四处寻求支持。

到目前为止，伯克利的 SCP 物理学家已经进行了一系列的观测，而哈佛和智利的天文学家只进行了一次观测。在某种程度上，这反映了一种非常不同的方法。物理学家对这个过程的看法是"先发现超新星，然后再考虑如何利用它们"；相比之下，天文学家一开始不太关心发现太多的观测结果，而是希望把重点放在对数据的解释上。这些是 Ia 型超新星吗？尘埃是否会干扰读数？如果是，他们又能做些什么？如何利用这些超新星有效地测量距离？

直到 1995 年秋，一组职业天文学家，那时被称为高红移超新星搜索队（简称 High-z，"z"符号代表红移——z 越高，星系退行得越快），准备在智利进行一系列的观测，来追踪他们最初的发现。他们现在确信，利用 Ia 型超新星的光变曲线和红移数据可以准确测算宇宙的膨胀率。为了给两个团队之间的竞争增加即时性，他们现在每隔一晚都在智利使用同一台望远镜。结果，SCP 团队总共观测到了 22 颗超新星。

伯克利的物理学家们决定在这场竞赛中孤注一掷，要求使用哈勃太空望远镜观测。尽管它比地球上的许多同类望远镜都要小，口径只有 2.4 米，但由于没有大气的干扰，这种卫星望远镜有潜力对极其遥远的超新星进行无与伦比的观测。哈勃望远镜于 1990 年发射升空，1993 年美国人通过航天飞机对哈勃望远镜进行了维护和修理，这为超新星搜索提供了绝佳机会——在太空中没有坏天气。

哈勃的主管鲍勃·威廉姆斯（Bob Williams）倾向于给伯克利的物理学家们一些时间，但是咨询了 High-z 团队。他们最初的意图是阻止威廉姆斯允许他们的竞争对手使用哈勃望远镜，并指出哈勃望远镜只能用于那些在地球上无法工作的项目。然而，威廉姆斯认为他可以自行决定。在最后一刻，High-z 团队意识到，他们有可能无法利用最好的工具来完成这项工作，而仅仅是为了刁难对手。威廉姆斯正式地允许两队使用太空望远镜。

又过了两年，直到 1997 年 9 月，两个团队都获得了足够的数据，开始计算出宇宙膨胀放缓的速度。然而，没过多久，两个团队都清楚地意识到，有些事情不太对劲。遥望宇宙深处，根据红移预测的超新星的距离来测算，超新星的亮度低于估计值，超新星比人们估计的要远得多。似乎是某种东西——某种未知的能量来源——导致宇宙的膨胀速度加快，而不是减慢。这为宇宙的第二个黑暗贡献者创造了条件。

## 5. 宇宙学成为（或没有成为）科学的那一天

正如我们在第 2 章中所看到的，宇宙学，即对整个宇宙的研究，在历史上比科学的其他学科更倾向于推测。它始于宗教或纯粹的哲学，宇宙起源的模型是无中生有。无论宇宙起源于火焰还是鸡蛋（字面的或隐喻的），都没有数据，也没有办法通过实验或观察来验证这些理论。在这种情况下，有争议的是，所处理的问题是推测性的虚构，而不是真正的科学。

然而，在 1998 年 1 月 8 日的新闻发布会上，SCP 和 High-z 团队的代表以及另外两个研究组——他们一直在研究具有高能量辐射信号的遥远星系的输出，宇宙的大尺度结构以及它们与宇宙微波背景的关系，提出了他们认为是决定性的数据，把对宇宙未来的预测从推测带入了真正的科学领域。

顺便说一句，严格地说，这是一种夸张。例如，大爆炸模型已经被修正了好几次以匹配观测结果。原则上，几乎任何理论都可以修正，直到它看起来以这种方式起作用为止，这很像亚里士多德的宇宙模型用本轮来修正。由于理论修正是为了匹配观测结果，所以它不可避免地会起作用，但这并不意味着它就是正确的。

虽然宇宙大爆炸和暴胀仍然是目前最被接受的理论（就像暗物质的存在是目前对星系和星系团的奇怪引力行为的最被接受的理论一样），但是很多物理学家对它的基础表示怀疑。例如，一些人认为宇宙暴胀缺乏合理性。宇宙起源于奇点被广泛认为是理论崩溃的迹象，因为它需要无限的值。

然而，尽管大爆炸和宇宙暴胀的结合可能仍然是不正确的，但毫无疑问，1998年1月的公告展示了我们对宇宙历史描述方式的发展，从纯粹的猜测，到与观察结果有足够强的匹配性的推测，再到使其更像科学。索尔·珀尔马特在活动中明确表示："这是我们第一次真正掌握数据，因此，关于宇宙的宇宙学是什么，你可以咨询实验主义者，而不是求教于哲学家。"[1]

这些数据似乎不仅表明宇宙永远不会停止膨胀，而且表明有某种额外的东西——暗能量，正在加速其膨胀。奇怪的是，在广义相对论的理论世界里，这样一个因素很早就出现了，爱因斯坦把它作为一种捏造品加入他的方程中，用来反驳这样一个事实：首先，宇宙是不稳定的。这个因素被称为宇宙学常数，由大写希腊字母（Λ）表示。

## 6. 宇宙学常数

要了解宇宙学常数，我们需要涉猎广义相对论。正如我们所知，这是爱因斯坦的杰作，是在1915年之前的几年里提出的，他

---

1　关于是否有人向珀尔马特指出"宇宙的宇宙学"是同义反复，这方面是没有记录的。

把引力的作用描述为由物质引起的空间和时间的扭曲。广义相对
论的场方程可以简化为相对友好的形式：

$$G_{\mu\nu} + \Lambda g_{\mu\nu} = (8\pi G/c^4)\ T_{\mu\nu}$$

从广义上讲，方程左边部分描述了时空的曲率，右边部分则描述
了产生时空曲率的质量能量（这些方程比它们看起来要复杂得多，
因为每个带下标的部分都是一个张量，一个多维几何对象，在这
种情况下，对应着 10 个不同的方程）。最初，爱因斯坦的公式
中没有 $\Lambda$，但是为了解释他认为的一个错误，他把它加了进去。
1917 年，他把该理论应用于整个宇宙。他的方程式似乎预示着宇
宙将在万有引力的作用下永远膨胀或坍缩。但是爱因斯坦确信这
两种选择都不是事实——他引入宇宙学常数来抵消引力的影响，
让宇宙处于静态。

　　结果不太好。只要稍稍偏离平衡点，宇宙就会开始收缩或膨
胀。后来，爱因斯坦称宇宙学常数是他的"最大错误"，因为人
们观测到了宇宙的膨胀（推测在第一次剧烈的膨胀后，由于引力
的影响，宇宙膨胀变慢），从而消除了对宇宙学常数的需要——
实际上，很多年来宇宙学常数都被假设为零。1998 年，物理学家
们的研究表明，要准确地反映宇宙中正在发生的事情，宇宙学常
数的作用将会比爱因斯坦曾经设想的更大。它必须足够大，以推
动宇宙加速膨胀。1998 年时科学家公布的宇宙学常数的值大约是

公认的 $10^{-52}$。[1]

尽管珀尔马特自豪地宣布宇宙学已进入科学领域，但宇宙学常数被证明是一个严重的物理问题，至少对于来自现有模型的物理版本而言是这样的。尽管这个问题已经存在了 20 多年，但它仍然呈现出完全相同的噩梦问题。要理解它，我们需要对量子世界进行简短的游览。

## 7. 量子空间不是空的

量子物理学（研究微观粒子的物理学）的一个基本原理是不确定性原理（Uncertainty Principle），由德国物理学家维尔纳·海森堡（Werner Heisenberg）于 1927 年提出。该原理说明，在量子层面上，存在着一些不可分割的现实参数。它们的变化方式是这样的，如果我们越详细了解其中一个参数，我们将越不确定另一个参数的值。最著名的配对是在动量（质量乘以速度）和位置之间。例如，我们对量子粒子的动量了解得越多，对其位置的了解就越少，反之亦然。但可以说，这些配对中最引人注目的是能量和时间。

这种不确定性意味着，如果我们观察一个真空的体积，并把

---

[1] 如果某物在第一秒增长 1 米，在第二秒增长 2 米，在第三秒增长 3 米，以此类推，加速度为 $1\,m\cdot s^{-2}$，宇宙学常数的值小到是这个加速度数值的 $10^{-52}$。

观察限定在一个很小的时间尺度上，这个体积中的能量可以是任意值，从非常小到非常大，有时它会大到足以产生物质。这意味着，量子物理学认为，真空中应该存在一团沸腾的所谓"虚拟"粒子，在我们能够直接探测到它们之前，它们会突然出现，然后又消失。

有充分的证据表明，这种现象确有发生，这叫作卡西米尔效应（Casimir Effect），是以荷兰物理学家亨德里克·卡西米尔（Hendrik Casimir）的名字命名的。他预测，而且实验一再表明，真空中，如果两块金属板近距离放在一起，它们就会相互吸引。之所以如此是因为有更多的虚拟粒子突然出现在金属板外面，而不是在它们之间极窄的缝隙里，当这些粒子与金属板相撞消失之前，它们会使金属板向内推。

因此，人们预测真空中含有一种可变能量，有时被称为真空能量，即空间中各种效应综合抵消后剩下的能量。它正是驱动宇宙学常数起效的能量，也就是我们现在所说的暗能量，这似乎是合理的。但是如果宇宙学常数是由真空能量驱动的，当用量子场论来预测宇宙学常数时，它的值大约是 $10^{68}$。这意味着理论和观测值相差 $10^{120}$ 倍，这是迄今为止所有科学中理论与实践偏差最大的。这是非常显著的错误，显然有一个巨大的错误的假设——只是我们不知道问题出在哪里。

## 8. 确定宇宙的未来

在收集观测数据的过程中，最初看来，宇宙学常数为零是合理的。然而，我们需要记住，1995 年至 1997 年，这些早期测量结果有巨大的不确定性。由于尘埃和测量的局限性等因素的作用，虽然这种假设的情况可以与数据相吻合，但也可以有很多其他的可能性。但是新的技术——使用一系列过滤器试图分离尘埃的红化效应，正在投入使用。随着越来越多的超新星观测数据不断涌现，在越来越远的时间距离上，早期的假设似乎是不正确的。

当来自哈勃太空望远镜的更准确的数据被加入其中时，其分布发生了变化，超新星的亮度比依据红移推测的亮度更微弱。但到目前为止，数据点相对较少。伯克利团队虽不愿意公布相互矛盾的信息，但最终还是公布了，因为使用哈勃望远镜的方法是不同的。他们的新数据（包括大量的"如果"和"但是"）发表在 1997 年 10 月的《自然》杂志上。同一个月，High-z 团队发布了他们的哈勃观测结果。他们也与传统的简单宇宙观相矛盾，简单宇宙观没有宇宙学常数，只有恰当的质量来解释正在发生的现象。

这些团队在 1997 年底经历的痛苦证明，尽管有这些声明，宇宙学离成为一门真正的科学还有一段距离。许多参与者不希望有一个宇宙学常数，正在寻找方法来消除它。这一点在 High-z 团队成员之间电子邮件交流中得到了清晰的体现，他们讨论是否公开哈勃太空望远镜探测的结果。布赖恩·施密特一度主张发表探测结果，他评论道："尽管我对宇宙学常数感到不安，但我认为我们不应该搁置研究结果，直到找到它们出错的原因（那也不是一种正确的科学研究方法）。"

到 1998 年 2 月，事情到了紧要关头。两个研究团队都在加州大学洛杉矶分校参加一个会议（讽刺的是，这个会议主要是关于暗物质的）。High-z 团队中较为保守的成员仍然倾向于不得出任何有意义的结论，就像哈勃的原始红移数据一样，他们只是想展示数据，让其他人来得出结论。然而，媒体一直在关注 SCP 团队收集的更令人印象深刻的超新星。High-z 团队的一些人确信，他们在伯克利的竞争对手即将公开宇宙学常数的存在，这个宇宙学常数推动了宇宙的加速膨胀。High-z 团队原定在会议后几周正式发表这一主题，但感觉这是一个不容错过的好机会。

在看完索尔·珀尔马特展示 SCP 数据并提出有一些证据表明宇宙学常数存在之后，High-z 团队的发言人亚历克斯·菲利彭科（Alex Filippenko）冒险一试，宣布他们的数据显示宇宙学常数是真实存在的。

外界对这一宣布的反应不一。尽管这个数值与量子理论的预测相差 $10^{120}$ 倍，但还是有相当数量的天体物理学家选择了宇宙学常数。其中一个原因似乎是，驱动宇宙膨胀的能量支持了当前大爆炸模型中最大的假设，即宇宙在最初的几分之一秒内迅速膨胀。目前提供的数据表明，宇宙至少有 150 亿年的历史（这个数字后来被修正为 138 亿年），这为天文学家观测到的大尺度结构的形成提供了时间。

然而，另一些人认为必须有另一种解释。他们并不怀疑这些数据——数据来自两个不同的团队，彼此对立，使用不同的方法——然而所有的数据都需要解释，而宇宙数据的间接性使解释特别容易产生误导。人们不可避免地做出了一些重大假设——即便不是不可能，但也很难加以验证，这些假设大多是关于一致性的。

### 9. 宇宙是恒定不变的吗?

记住，这些观测的一个极其重要的基础是使用 Ia 型超新星作为标准烛光。早期的超新星研究危机已经表明，Ia 型超新星并不是与变星相同意义上的标准烛光，变星的光度与它们的光变周期直接相关。但是超新星已经被"驯服"了，科学家们利用它们的光变曲线来设计一种校准距离的方法。

这种校准依赖于相对较近的超新星的观测，在那里可以用其他类型的标准烛光来确认距离。但为了算出宇宙学常数，人们曾假设同样的校准也适用于遥远星系中的超新星。记住，空间上你看得越远，回溯的时间就越久远，因为光到达我们需要时间。我们看到的遥远星系是它数十亿年前的样子。但是，如果某些因素随着时间的推移而改变，使这些更古老的超新星的输出曲线与更新的超新星不同，结果会怎样呢？在这种情况下，关于星系有多远的假设将是完全错误的。

类似地，人们还对星际尘埃对观测的影响做出了一致性假设。更好地理解尘埃的影响（尘埃不可避免地会使远处的超新星看起来比实际更暗淡），是 High-z 团队能够赶上 SCP 物理学家们显著领先优势的原因之一。灰尘是一件棘手的事情，直到今天仍然如此，因为另一组实验人员为此付出了代价。

2014 年，科学家通过在南极进行的一项名为宇宙泛星系偏振背景成像实验（Background Imaging of Cosmic Extragalactic Polarisation，BICEP）宣称，该实验获得的数据表明，引力波存在于宇宙最早期的时刻。正如我们所知，在回望宇宙 37 万岁之前的样子时，天文学家遇到了一个真正的问题，因为在那之前，天文学中使用的所有不同形式的光，从无线电到伽马射线，都不能穿过宇宙。然而，没有任何已知的物质可以阻挡引力波。

如果暴胀确实发生在宇宙形成后不久，人们就会预料到这种时空的剧烈膨胀会产生所谓的原始引力波，而这种引力波仍然会在宇宙中传播。据报道，这就是 BICEP 实验所发现的，为宇宙暴胀提供了罕见的支持证据。然而，几个月后，人们对结果产生了怀疑。现在人们普遍认为，这种明显的信号来自尘埃。[1] 如果把尘埃的影响考虑进去，就什么都不剩了。

对于宇宙学常数的发现，有必要通过推导尘埃产生的红色光谱并从数据中减去它来消除尘埃的影响。就像超新星观测一样，当时的假设是，相对较近的尘埃（研究起来要容易得多）的影响，将与太空中各处的尘埃相同，包括那些遥远的、早期宇宙中的尘埃。但是，有不同光学影响的早期星系之间如果存在所谓的灰色尘埃的话，结果会怎样呢？这可以解释遥远星系中超新星出乎意料的暗光，并消除暗能量的概念。

## 10. 史前的宇宙

根据 1998 年新闻发布会上的数据，无法消除可能歪曲数据的因素。然而，理论表明，有一种方法可以确切地看到是什么导致了这种意想不到的暗区。那时，研究过的最遥远的星系大约是 50 亿年前的样子。但是，如果有可能看到具有更高红移的物体——因此时间上要久远得多——那么事情就会有所不同。早期的宇宙

---

1　BICEP 实验正在寻找宇宙微波背景下的偏振（偏振是指光仅在与行进方向成直角的某些可能方向上振动），人们希望偏振是由原始引力波引起的。然而，当光线从物体上反射出去时，通常会发生偏振——这就是为什么偏光太阳镜会减少反射的眩光。而且，当辐射被星际尘埃散射时——从单个尘埃颗粒反射回来——也会发生偏振。测得的偏振与尘埃散射的结果完全一样。

要小得多，物质密度更高。如此之大的引力应该已经超过了暗能量的膨胀压力。

这意味着在那时，宇宙的膨胀应该减速。只有当宇宙中的物质足够稀薄，暗能量占据主导地位时，宇宙加速膨胀才会出现。如果能观测到足够远的星系中的超新星，那么，这应该为区分暗能量和其他潜在原因提供了一种方法。

幸运的是，哈勃太空望远镜已被用来制作观测结果的图像——该研究称为"哈勃深场"（Hubble Deep Field），这是1995年对很小的天空区域进行的一组观测（类似于从100米的距离看网球）。1997年科学家对同一颗恒星进行了比较，并检测到一对非常遥远的超新星，不过该数据没有与相关的光谱和光变曲线分析相结合，从而推断出它们的距离和运动速度。然而，在2001年，深场数据被证明非常有价值。

这项突破是High-z团队前成员亚当·里斯（Adam Riess）的智慧结晶，他提出了超新星的光变曲线分析，并与索尔·珀尔马特和布赖恩·施密特共享2011年诺贝尔物理学奖。里斯知道哈勃深场中有两颗超新星，并在2001年决定花一些时间进行一次超长距离的拍摄。这不太可能有回报，但如果有回报，回报将是非凡的。

早在1997年，还没有人有意对这两颗超新星进行必要的测量。但如果当时碰巧有人收集了这些数据作为另一项研究的一部分呢？这需要相当大的运气，但它可能已经发生了。巧合的是，哈勃望远镜在 1997 年增加了一个新的仪器，其中包括一个光谱仪。而这项技术正在恰当的时间进行测试，幸运的是，它从 1997 年的深场数据中捕捉到了一颗极其遥远的超新星。里斯成功地计算出了它的红移，将这一景象放在了 100 亿年前——根据理论，那时候暗能量还没有占据主导地位。然而，如果其他两种原因（改变的光变曲线或不同的尘埃）之一成立的话，这颗超新星的亮度大约是正常情况下的两倍。

在我撰写本书时，人类已知的最遥远的 Ia 型超新星是 SN UDS10Wil，它是在哈勃烛光超深巡天（Hubble's CANDELS Ultra Deep Survey）项目中被发现的。该项目提供了大约 105 亿年前的宇宙景象，也支持了之前的发现。看来，暗能量会一直存在。

## 11. 宇宙学常数或者第五元素？

有趣的是，认为宇宙恒定不变将以另一种方式继续困扰暗能量研究。为了计算出宇宙学常数的值，我们假设暗能量的规模一直都是相同的，而且在宇宙的任何地方都是一样的。有趣的是，暗能量科学家似乎在这方面比那些对暗物质感兴趣的人更开明。大多数物理学家认为引力是一致的，对修正牛顿动力学不满意。但更重要的是，也许是由于最初对宇宙学常数存在抵制，他们乐于认为暗能量根本不是一个常数，而是一个场——在时空中随位置而变化。

理论家们甚至给这个假想的宇宙场起了一个可爱的名字——"quintessence"，这个名字可以追溯到古希腊。如我们所知，在1 500多年的时间里，人们认为地球上的物质是由四种元素组成的——土、水、气和火。但人们认为这只是月球轨道以下的宇宙区域的组成元素，在月球以上，一切都是由不同的第五种元素——精质（以太）构成。

然而，有争议的是，对这个术语的新用法负有个人责任的人[1]并不知道它的科学史。古希腊人知道地球上的物质随时间和地点而变化，这就是为什么在月球以外的一切都不可能是由标准元素构成的。天空被认为是永恒不变的——精质的本质就是它永不改变。具有讽刺意味的是，现代宇宙学的标量场，如果它存在，被定义为某种会改变的东西——否则它将只是普通的旧宇宙学常数。

自里斯发表突破性宣布以来，研究者采取了一系列措施来更好地把握宇宙膨胀的进程，进而掌握暗能量的性质。除了进行更多的超新星观测外，天文学家还利用非常遥远的星系团的引力透镜效应来尝试感受宇宙膨胀的影响，寻找可能会反射早期宇宙中

---

1　它首次出现在 1998 年三个人撰写的一篇论文中，即罗伯特·考德威尔（Robert Caldwell）、拉胡尔·戴夫（Rahul Dave）、保罗·斯坦哈特（Paul Steinhardt）。

的波的大尺度结构，并搜寻了宇宙微波背景辐射中的光子，这些光子在通过星系团时都得到了增强的能量，所有这些方法都是令人沮丧的间接方法。

迄今为止的大多数证据似乎表明，宇宙学常数的可能性比一个变化的标量场更大。例如，2016 年，美国国家航空航天局钱德拉 X 射线望远镜（Chandra X-Ray Observatory）和哈勃太空望远镜的数据被用来研究过去 7.6 亿年到 87 亿年不等的星系团。研究表明，在那个时期，暗能量的规模没有变化（当然，由于宇宙的膨胀，引力的影响变小了，暗能量在那个时期占据了主导地位）。

来自宇宙微波背景的一个更重要的收获是，背景显示宇宙几乎是平坦的，这是几何学意义上的。从原理上讲，空间可以向内弯曲，也可以像马鞍一样向外弯曲。实际上，所有的证据都表明它是相当平坦的，这是由背景辐射的相对均匀性支持的。当我们观察宇宙微波背景的卫星图时，它似乎变化很大，但这是数据呈现方式的结果。从最暗到最亮的部分只能反映出很小的变化。

这些变化在背景辐射中的分布方式，特别是使用角功率谱的方法，不仅强调了平坦性，而且强调了早期宇宙中约 95% 的物质似乎没有电磁相互作用。宇宙时空结构的这种平坦性也源于导致暗能量被发现的遥远超新星的分布。基于广义相对论的理论模型给出了宇宙中平均物质密度的数值，该数值应该与宇宙是平坦的推论相符合。仅凭估计出的普通物质和暗物质的量，密度就太低了，无法使宇宙变得平坦。但是加上暗能量，结果是密度几乎完全对应于平坦度。

事实上，对于暗能量究竟是什么，我们还没有一个杰出的理论。"暗能量"只是一个名字——并不比叫它"毛茸茸的小兔子"提供更多的信息。并不是说没有理论来解释是什么导致了宇宙的加速膨胀。在 2007 年的一次会议上，布赖恩·施密特列出了大约 50 种不同的理论，这些理论的名称从"radion"和"Dilaton"等品牌名称，到"标量＋旋量"和"绝热物质创造"等听起来很专业的概念，再到听起来很奇怪的"伪南布－戈德斯通玻色子标量场"（Pseudo-Nambu-Goldstone Boson Quintessence）和"k-变色龙"。

对于未来，人们提出了各种不同的思考路径以期了解更多关于暗能量的本质。超新星测量仍然是最受欢迎的工具，遥远天体的引力透镜效应也可能发挥作用。一个相对较新的选择是研究重子声波振荡。

当现在的宇宙微波背景最初被设定为高能伽马射线时，仍然广泛存在于宇宙中的带电等离子体将经历一系列物理振动。因为这些是物质的振动，它们类似于声波——所以被称为"声波振动"。这些穿过物质的波很可能影响了物质的分布，最终形成了星系。这表明这些波本应导致星系优先形成，它们之间的间隔约为 4.9 亿光年。

原则上，这为我们提供了一种可以追溯到宇宙早期的新型标准烛光。如果你知道两个新形成的星系之间的实际距离，依据从地球上看见它们之间的明显距离，那么你就可以算出它们到地球的距离。像所有基于标准烛光的方法一样，这里也存在不确定性。然而，这表明对暗能量的影响和成因机制的探索仍在继续。

## 12. 想象中的黑暗

就像暗物质一样，暗能量也有可能是由假设引入的误差。宇宙学模型的一个基本假设是，宇宙几乎是各向同性的，我们的位置没有什么特别的。然而，有可能我们的星系并不在宇宙中某个典型的部分，而是比通常情况下物质更少，这可能会让人对其他地方正在发生的事情产生误解。也可能只是因为我们还没有足够的数据来清楚地了解正在发生的事情，即使算上现在观测到的数百颗超新星，也只是整个宇宙的一个微小样本。

然而，很少有宇宙学家或天体物理学家怀疑暗能量的真实性。与暗物质不同的是，目前还没有一个更好的替代理论来解释观测到的某些现象。目前的假设仍然存在问题，但这并没有为替代方案提供指导。

除非我们得到显著的更新的数据，否则暗能量将会一直存在。

# 6

# 故事还在继续

▶▶▶

## 1. 继续探索

尽管到目前为止没有成功，现有的暗物质探测器仍在继续使用，我们可以期待一些其他的可能性，至少可以帮助排除一些选项。

下一代具有更高灵敏度和（希望）能够将暗物质与虚假读数区分开的直接探测器正在建设中。中国的 PandaX 探测器正在升级，其氙气排放目标更大："PandaX-xt"有望在 2020 年投入使用。同样，在南达科他州利德市，基于氙气的美国 LUX 探测器，在 2013 年至 2016 年一直处于活跃状态（毫无发现），目前正升级为 LUX-ZEPLIN，其氙气含量是新 PandaX 探测器的两倍多，到 2020 年也应该准备好了。

间接探测也正在加强。美国资助的大型综合巡天望远镜（Large Synoptic Survey telescope）正在智利的塞罗帕肯（Cerro Pachon）进行建设，预计 2019 年完成，科学运作将于 2022 年开始。这个 8.4 米（约 330 英寸）口径的怪物被用来捕捉广阔天空的详细图像，在三天内就能完成整个扫描，它将在十年中不断重复这一过程。人们希望通过比较扫描结果，更好地了解暗物质（或修正引力）在宇宙中的实际作用。

也许，更多有关暗物质的最令人惊讶的可能性或许来自 21 世纪最激动人心的科学发展——引力波的探测。正如我们所见，对于暗物质的一些比较模糊的候选者，引力波探测手段有多种选择。尽管原始黑洞并不是一个流行的选择，但它们作为暗物质效应的一部分贡献者并没有被完全排除。

位于华盛顿州汉福德（Hanford，Washington）和路易斯安那州利文斯顿（Livingston，Louisiana）的 LIGO 引力波天文台，于 2019 年开始利用其当前数据配置做第三次运行，然后将进行升级。类似地，世界各地的其他引力波天文台也在建设和改进中，我们可以期待一个新的引力波数据流。理论上，这些天文台可以探测到比太阳还小的黑洞的合并。这样的小黑洞不能以正常的方式形成，而且几乎可以肯定是原始的。这并不意味着它们会被探测到，但有潜在的可能找到它们，或者有可能排除它们。

与此同时，暗物质探测的其他替代方法正在开发中。萨里大学（University of Surrey）、卡内基·梅隆大学（Carnegie Mellon University）和苏黎世联邦理工学院在 2019 年发表的一项研究表明，围绕银河系等较大星系运行的矮星系可以告诉我们一些有关暗物质的信息。

具体来说，这项研究着眼于这些矮星系中恒星的形成过程。恒星的形成过程会导致强风，将气体和尘埃吹出星系中心。虽然没有直接受到风或热的影响，但任何在星系中心积累起来的暗物质都会被大量移动的普通物质的引力所吸引，这种所谓的暗物质加热（不是个好名字）会导致矮星系中心的暗物质减少。研究小组观察了16个矮星系，发现那些许多年前就停止形成恒星的星系有更多的中心暗物质，这似乎支持了这个理论。因为这是一种新的行为，当它被更好地量化时，它可以作为一个检验标准来区分一些暗物质理论。

## 2. 小心那些寻求资助的物理学家

在我撰写本书时，日内瓦附近的欧洲核子研究中心实验室的科学家们正在讨论下一代对撞机的可能性，这种对撞机比目前的大型强子对撞机大得多。未来环形对撞机（Future Circular Collider）将有100千米长，几乎是大型强子对撞机的四倍，其造价高达200亿英镑，令人瞠目结舌，而且无法保证能找到任何新东西。然而，为了证明这样一个项目的合理性，参与其中的科学家们必须拿出可能令人兴奋的新成果，其中之一就是它可以探测到正在衰变为暗物质粒子过程中的希格斯玻色子。

这个听起来很奇怪的建议是基于Higgs-portal模型。他们预测暗物质应该通过希格斯玻色子的交换与普通物质相互作用（就像普通物质粒子之间的电磁相互作用涉及光子的交换）。如果是这样的话，那么在对撞机中产生的希格斯粒子可能会衰变为暗物质粒子。这将产生一个独特的结果，因为衰变产物是看不见的。

这一过程在大型强子对撞机产生的希格斯粒子中从未见过，这意味着理论家可以排除暗物质粒子的一些候选粒子。因此，支持未来环形对撞机的理由是，它可能会观察到这个过程——或者排除更多的暗物质候选者。但这里有个问题。

整个概念是基于一个目前没有证据的假设。我们没有理由假设希格斯粒子参与了暗物质和普通物质之间的相互作用。如果这个假设是不正确的，那么希格斯粒子不可见衰变的缺乏就根本不能告诉我们暗物质粒子的本质。我们花了很多钱，又回到了起点。

我们得到的教训似乎是，我们应该警惕在不仔细审查这些主张的情况下就过分重视它们。

### 3. 我们能找到暗物质吗？

人们投入了大量的精力去寻找暗物质存在的直接证据，而不是由引力效应提供的间接暗示。到目前为止，搜寻工作还没有产生任何具体的结果。正如薇拉·鲁宾在 2001 年遗憾地指出，早在 1980 年，她就曾预测暗物质粒子将在 10 年内被直接探测到，但至今仍未被发现。同样，在 2000 年，英国天文学家罗亚尔·马丁·里斯（Royal Martin Rees）做了一个类似的十年预测，他的时间期限也早已过去。

特立独行的天体物理学家弗雷德·霍伊尔在其职业生涯后期写的一本书中，用一群正在奔跑的鹅的照片毫不奉承地描述了他的科学家同行们。这表明，一旦科学家们对一个想法上瘾，他们将继续追随它，而不会考虑新的证据。毫无疑问，霍伊尔对自己 1948 年与赫尔曼·邦迪（Hermann Bondi）和托马斯·戈尔德（Thomas Gold）共同提出的宇宙稳态理论在 20 世纪 60 年代被宇宙大爆炸理论取代感到愤愤不平。就连霍伊尔也不得不承认，与稳态模型相比，大爆炸理论更适合从宇宙微波背景和非常遥远的星系结构中获得证据——由于光线到达我们的地球需要的时间较长，这些关于星系形成之初状态的证据就能被我们看到。但他也有自己的观点。

大爆炸理论也有几次与观测结果不符，因此必须进行各种修正，如宇宙暴胀等。霍伊尔的观点是，宇宙稳态理论也可以通过这种方式进行修正，以匹配观测结果。但当这种可能性被探索出来时，宇宙学界已经对大爆炸理论产生了鹅群模式，对宇宙稳态理论并不感兴趣。这与托马斯·库恩（Thomas Kuhn）在其有缺陷但极具影响力的著作《科学革命的结构》（*The Structure of Scientific Revolutions*，1962）中所描述的情况并无不同。

库恩将科学的进步描述为一个过程，这个过程是由偶尔的整体视角变化组成的，被称为范式转换（他未曾发明该术语，但普及了其使用），其间穿插有公认观点的一段时间。在范式转换之前的一段时间里，库恩提出，会有越来越多的证据表明现状是站不住脚的，但由于当代科学家对这种现状投入了太多，他们会在范式转换开始之前尽可能长时间地支持现状。

目前，人们对暗物质和修正引力的态度似乎就处于这种状态。凯斯西储大学（Case Western Reserve University）天体物理学教授斯泰西·麦高（Stacy McGaugh）在他的博客 Triton Station 中指出，"暗物质或修正引力"之争的典型化存在一个社会学问题。他引用了詹弗兰科·伯顿（Gianfranco Bertone）和蒂姆·泰特（Tim Tait）的论文《探索暗物质的新时代》（A New Era in the Quest for Dark Matter），论文中写道："修正引力理论与观测值相符的唯一方法是有效且非常精确地模拟宇宙尺度上的冷暗物质的行为。"

麦高认为作者们所说的是，目前的宇宙学模型以宇宙学常数和冷暗物质（ΛCDM）为特征，是如此的成功，所以暗物质必须存在。然而，麦高认为他们弄反了，更准确的描述是，当且仅当暗物质存在时 ΛCDM 模型是正确的。然后，麦高开玩笑地把伯顿和泰特的断言颠倒过来，认为"冷暗物质与观测值相符的唯一方法是有效且非常精确地模仿修正引力在星系尺度上的行为"。

这种观点的冲突揭示了一个真正的问题。正如我们所见，有一些明显的例子，比如星系 NGC 1560（见第 68 页），它适合用修正引力理论解释，远胜于用暗物质解释。相比用修正引力理论解释子弹星系团等反例，如果暗物质存在的话，其中一些例子更难解释。虽然暗物质预测的偏差在星系 NGC 1560 中最为明显，但在绝大多数星系中，暗物质在匹配观测到的旋转曲线方面不如修正引力理论有效。为了使暗物质适合解释观测结果，需要对仅使用暗物质才需要的其他参数进行大量调整，这绝不是一次性的。

几年前，人们很难提出反对暗物质的论据。现在，虽然大多数天体物理学家和宇宙学家仍然更喜欢暗物质，而不是修正引力理论，并期待在某个时刻发现失踪的粒子，但更多的是一种平衡的观点。这需要时间。正如麦高所指出的："许多研究暗物质的专家并不知道修正牛顿动力学到底是什么，也不知道它能做什么，不能做什么。"社会学的变化来得很慢。但是，如果越来越多的实验都未能探测到暗物质粒子，那么可能会出现一个临界点，那时修正引力理论将取代人们普遍接受的理论。

俗话说，没有证据并不等于证据不存在，我们不能探测到暗物质粒子并不意味着它们不存在。然而，如果认为科学是通过纯正的逻辑推理来运作的，那也是错的。这在实践中几乎是不可能的，因为演绎需要完美的知识。例如，如果我知道所有的恒星都是通过核聚变工作的，我看到天空中有一个发光的物体，但它不是由核聚变提供能量的，我就能推断出它不是恒星。然而，大多数科学工作都是通过归纳而不是演绎。演绎通过定义产生一个确定的证明，归纳根据现有的证据工作，并说明什么是最有可能的。

举个简单的例子——我可以预测哈雷彗星将在 2061 年回归。这颗彗星是最早根据牛顿定律做出天文学预测的天体之一。到目前为止，自从 1705 年埃德蒙·哈雷（Edmond Halley）预测这颗彗星将在 1758 年回归以来，这颗彗星一直遵循着一种人们归纳推理得出的运行规律，即它的轨道将每 75 ~ 76 年使它返回一次。[1] 然而，我不能证明它会像预期的那样回来。它可能会因为碰撞而偏离路线，其他太阳系天体也会发生变化，足以影响哈雷彗星的轨道，从而改变它的轨道周期。我唯一能说的是，这颗彗星一直与我们迄今为止所做的观测相符，我们对太阳系的了解表明，它还会这样回归。

考虑到科学使用归纳法，如果有足够多的应该能够检测到暗物质粒子的实验未能发现它们，则表明暗物质可能不存在，这是完全说得通的。类似的事情在 19 世纪末也发生过，当时美国科学家阿尔伯特·迈克耳孙（Albert Michelson）和爱德华·莫雷（Edward Morley）认为，以太——想象中的光波通过的介质，似

---

1 哈雷彗星的轨道周期预测为 76 年，而当前公认的值约为 75.3 年。

乎并不存在。他们的实验表明没有以太存在的证据。随后的实验反复在其他地方得到广泛证实，人们接受了这样的观点：不存在这样的东西。

到目前为止，修正牛顿动力学（MOND）仍然是暗物质的主要对手。如我们所知，有其他的修正引力理论，如衍生引力。到目前为止，它似乎不像 MOND 那样强大，但它在 2017 年才出现，并且仍然有可能出现衍生引力的变体，这将成为 MOND 的挑战者。当然，我们拥有超流体暗物质的混合方法，有人认为它结合了两者的优点。暗物质和修正引力理论之间的较量还没有分出胜负。除了在计算中出现了一个数学上的小问题外，目前尚无广泛的证据来支持，大家公认宇宙中正在发生某种能产生重要影响的事情。大家暂时将其归因于暗物质，附带条件是它可能是修正引力的结果（通常被遗忘的条件）。无论是什么原因，都有一些重大影响需要进一步研究。

## 4. 甚至连基础都受到了质疑

宇宙学和天体物理学一直面临的问题是，到目前为止，大部分工作都是非常间接的，而且涉及大量的不确定性测量。寻找暗物质的问题似乎已经够多了，但实际上，天文学家们还在努力寻找足够的实际物质。

在研究附近的星系时，我们期望测量结果最为合理，最近的研究数据表明，某些星系似乎只具有预期正常物质的三分之一。甚至银河系也缺乏预期正常物质的一半左右。这在很大程度上仍然是一个谜，特别是因为来自宇宙微波背景的更间接的测量值与直接观测所预测的物质数量非常匹配。

关于"失踪物质"背后的一个主要理论认为，暗物质晕成功地吸引了许多普通物质，因此，大量普通的物质不是位于银河系的可见部分，它们发出微弱而无法观测到的光线，也分布在银河系周围的预测球形晕中。

2018 年，天文学家们利用欧洲航天局（European Space Agency）的 XMM－牛顿 X 射线天文台（XMM–Newton X-ray observatory）在许多星系中寻找这种物质的微弱信号。不过，结果令人失望。光晕中确实出现了一些普通物质，但只占失踪物质的四分之一左右。[1]

失踪物质可被看作一种动力，促使人们更多地考虑这样一种想法，即这种计算从一开始就是错误的，但就目前而言，它只是激发了进一步的搜索。最好的希望似乎是失踪物质将散布在宇宙中，而不是位于星系中。这使得这种物质很难被检测到，但同样

---

1　2020 年，科学家对失踪物质的寻找有了新发现。这源于科学家通过射电与光学波段对快速射电暴（FRB）的共同观测。不过，相关数据还有待通过更多观测结果来确定。——编者注

的 XMM-牛顿望远镜在 2018 年晚些时候观测的结果表明，星系之间确实存在着大量的气体（被称为暖热星际介质），这将解释至少一些或者相当数量的失踪物质。一个更灵敏的卫星天文台——雅典娜（Athena），将于 2028 年发射，它将有助于填补这些虚幻物质的数据。

## 5. 黑暗数据不断涌现

就像对暗物质一样，对暗能量参数的观测也在继续进行。目前正在进行的最重要的一项研究是暗能量巡天（Dark Energy Survey）项目。这个项目使用维克托·M. 布兰科望远镜（Victor M. Blanco telescope），它位于智利的塞罗托洛洛天文台（Cerro Tololo Observatory）。这台 4 米口径的仪器，配备了一部红外光照相机，视野非常广阔。该观测历时 5 年多，于 2013 年开始，2019 年初完成。

第一年的结果于 2018 年发布，反映了这一过程的复杂性，它带来了南方天空 2 600 万个星系的数据，并回溯到 80 亿年前的景象。其结果与来自普朗克卫星的观测结果并不完全符合。这项观测得出暗能量略多于预期，暗能量、暗物质和普通物质的比例为 74 : 21 : 5。

尽管与普朗克卫星相结合，暗能量巡天项目为我们提供了暗能量总量的最佳描述，但它强调这类数据仍然存在不确定性。如果我们从这两个来源获取整个范围，对结果有95%的信心（按照物理学标准，这是一个非常低的置信度），那么宇宙中暗能量的占比可能为57%到80%。

在两个来源的数据的极端情况下，暗能量巡天观测和普朗克卫星观测之间有相当大的差异。两者之间一个重要的区别是暗能量巡天观测覆盖了相对较近的过去，普朗克卫星观测则能回望过去134亿年——所以当其他证据似乎不相信第五元素（精质）的时候，它可能把这个概念重新带回到框架中。然而，值得注意的是，五年的数据只有一年被处理过。更多的数据可能会强调这种差异……或者彻底消灭它。[1]

正如我们所知，预计从2022年起，大型巡天望远镜将对智利的整个可见夜空进行多次扫描，除了试图更好地量化暗物质的影响外，科学家还将能够比以往任何时候更准确地监测宇宙膨胀的速度。

---

1 科学家通过后期对更多数据的分析处理，已消除了文中所述两种观测之间的差异。读者可以在暗能量巡天项目官网获知相关详情。——编者注

### 6. 暗能量为何物？

人们为解释暗能量已经提出了各种各样的理论，随着新数据的出现，其中一些假设经常被排除。有太多理论几乎没有证据支持任何特定的变体，因此将它们全部列出是很乏味的，但是可以举一个例子，2018 年我们见证了对称子场的消亡。

这个理论的想法是，在整个时空中有另一个拉伸的场，就像电磁场。正如希格斯场帮助粒子获得质量及更多特性那样。对称子场将推动宇宙继续加速膨胀。维也纳大学的研究人员希望测量来自这个场的假设对称子对超冷中子的影响，但是没有观察到。这个实验并没有完全排除对称子，但它确实证明了对称子并不存在于使暗能量起作用所必需的质量范围内——这是一开始设想它们的全部基础。

但是，仍然存在各种各样的理论可能性，没有特别受欢迎的或很好的方法来确定实际发生的事情。新的理论不断涌现。例如，在 2018 年底，乌普萨拉大学（Uppsala University）的研究人员针对暗能量的来源提出了一种基于弦理论的新解释。

正如我们所知，弦理论提出的超对称粒子以前曾被认为是暗物质的候选者。但这些粒子从未被观测到——因此，曾经主导统一量子物理学和广义相对论的弦理论，本身也失去了一些光泽。

弦理论乍一看似乎很简单。它表明一切都是由一维的弦，而非粒子构成，它们以不同的方式振动，产生我们所体验的所有力和粒子。然而，再深入一点，弦理论就有大问题了。它需要一个与我们所身处的宇宙大相径庭的宇宙，有九到十个空间维度。这个理论的 $10^{500}$ 种不同的潜在结果是无法区分的，它没有做出有用的预测。

毫无疑问，弦理论对某些理论家是有吸引力的，他们热衷于数学的"美"，不管它是否符合我们的宇宙。有人指出，如果宇宙学常数是负的，弦理论就能更好地工作，因此，许多理论家花时间愉快地研究带有负的宇宙学常数的弦理论，即使观测到的宇宙学常数是正的。由于该理论实际上是纯数学的，这种理论物理不必建立在现实的基础上。它仍然可以产生数学上的有趣结果，但不能解释我们生活在其间的宇宙。

考虑到这一切，来自乌普萨拉大学的研究人员提出了一个模型——我们的宇宙处于一个气泡的边缘，这个气泡在弦理论所要求的额外维度中不断膨胀。在这个模型中，我们体验到的物质只是延伸到这个额外维度的弦的末端。这种情况的发生与弦理论是一致的，膨胀的气泡将作为暗能量的来源。

愤世嫉俗者可能会说，这并不比我们不知道暗能量是什么好多少，而且这个模型依赖于一个非常简化的宇宙图景。但这是一个例子，证明了理论家们一直在寻找机制来解释暗能量的存在。

## 7. 合并两者

与暗物质一样，传统的暗能量本身并不是唯一的选择，尽管挑战者在这里更具投机性。在 2018 年末，牛津大学工程科学系电子研究中心的杰米·法恩斯（Jamie Farnes）发表了一篇论文，他认为这篇论文不仅解释了暗能量，而且解释了暗物质。

法恩斯提出了宇宙的一种新成分，一种具有负质量性质的流体。这就给了它一个负的引力，意味着它排斥普通物质。[1] 这种方法的一个问题是，在默认情况下，这种物质会随着宇宙的膨胀而变稀薄，从而减弱它的影响，而不像暗能量那样能加速宇宙膨胀。为了解决这个问题，法恩斯提出了所谓的"产生张量"（Creation Tensor。张量，正如我们所知，是广义多维数学结构，也被用于广义相对论）。

有些人会认为产生张量有点像"天钩"——一个为了让模型工作而虚构的概念——但这并不是人们第一次提出一种物质产生机制（例如，在宇宙的稳态模型中，一个新的场——"C 场"被加入引力场、电磁学场等场中，这导致物质不断地被生成）。作为副产品，法恩斯的负质量流体也可以解释一些归因于暗物质的观测结果。

---

1　这样一种物质,如果它被捕获,将有可能建立一个永动机,无须能量而能有效地做功。

在我撰写本书时，几乎没有人支持这一理论。考虑到法恩斯的学科背景和我们对宇宙理解的重大改变，这并不完全令人惊讶。请记住伯克利的物理学家们在寻找超新星用作标准烛光时，遇到了来自天文学家的多大的阻力。法恩斯来自工程科学系。

另一个问题是巨大的假设。虽然负质量和物质的产生都是在以前被假定的，但在宇宙中却没有任何证据证明它们存在。理论家们提出了一些深奥的模型，这些模型总是不符合现实。在这种情况下，负质量可能会产生有趣的结果，但它带来一些不舒服的包袱。

具体来说，虽然广义相对论不排除负质量，但很清楚这些物体将如何表现。如果我们同时允许正质量和负质量，那么质量就有点像电荷的反形式。我们熟悉这样一种观点：相同的电荷互相排斥，相反的电荷相互吸引。就质量来说，相同的质量互相吸引，相反的质量应该相互排斥。所以负质量物体应该相互吸引。但在法恩斯的论文中，它们相互排斥，这根本不符合广义相对论。

这种想法不太可能具有持续发展的优点，并且有人提出，这种想法所产生的问题要比原本想解决的问题更为严重。但是，只有通过提出最初看似令人无法容忍的建议，这些建议可能会，也可能不会被证明长期有价值，我们才能取得进展，它们对科学的进步很有用。这样的想法需要谨慎对待，而不是经常在媒体上发表有误导性的头条报道。

## 8. 在黑暗中舞蹈

本书接近尾声的时候，似乎是在研究史诗般的失败。我们仍然不知道暗物质是什么，甚至不知道它是否存在。我们仍然不知道暗能量是什么，而宇宙学常数与预测值相差 $10^{120}$ 倍。公允地说，我们仍很茫然。[1]

然而，我认为目前我们对暗物质和暗能量的理解是积极的。19 世纪末，物理系学生、钢琴演奏家马克斯·普朗克（Max Planck）的物理学教授菲利普·冯·乔利（Philipp von Jolly）告诉他应该学习音乐而不是物理学，因为物理学家所能做的就是完善细节，并为观测值添加小数位，没有什么原创的东西需要去发现。在几十年内，物理学的核心原则——量子理论（由普朗克等人创立）和相对论——被引入，并彻底改变了我们以前的认知。

有些人禁不住要说，现在科学真的已经达到乔利所说的"接近完成"的程度。然而，我认为暗物质和暗能量非常有效地证明了还有更多的工作要做，在这方面科学家们并不孤单。例如，我们仍然要把量子物理学和广义相对论结合起来。尽管已经发现了希格斯玻色子，但它的质量与我们的粒子物理学标准模型并不完

---

1 最近的一些计算表明，观测值和理论值之间的差异"只有" $10^{50}$ 或 $10^{60}$ 倍——但无论如何，这都不是一个微不足道的问题。

全吻合，这意味着要么其他新粒子应该存在（它们顽固地拒绝出现），要么标准模型存在根本缺陷。我们不知道意识是如何运作的，也不知道简单生命或复杂生命是如何开始的。还有许多问题有待回答。

对我来说，目前的知识局限不该让人沮丧，反而应该让人振奋。在过去的 200 年里，我们在科学领域已经学到了大量的知识，但还有更多的东西有待我们去发现。如果我们无所不知，如果没有新的知识领域来挑战我们，宇宙将会变得乏味。在我们对宇宙、暗物质和暗能量的认识中，那些巨大的"黑洞"仍像以往一样令人兴奋。就像夏洛克·福尔摩斯（Sherlock Holmes）因为接受了一个新委托人而充满活力一样，世界各地的科学家也可以把暗物质和暗能量视为值得他们努力探索的谜题。

我们生活在一个科学的时代。值得注意的是，曾经为这个时代努力贡献过的科学家中，约有 90% 今天仍然健在。他们应该面临重大的挑战，这是正确的。

黑暗游戏正在进行。

# 附　录

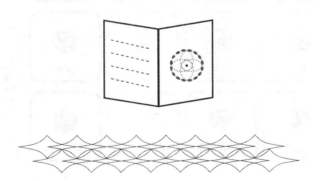

## 粒子物理标准模型

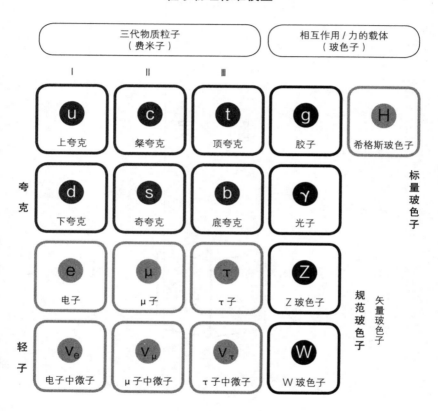

改编自费米实验室粒子物理研究小组和美国能源部科学办公室发布的图片

# 拓展阅读

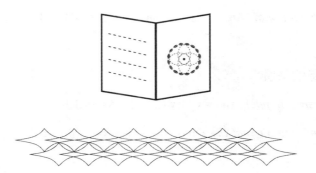

▶▶▶

## 1   眼见并非为实

*Ignorance*, Stuart Firestein (OUP, 2012).

*The Reality Frame*, Brian Clegg (Icon Books, 2017).

## 2   探索宇宙

*Astroquizzical*, Jillian Scudder (Icon Books, 2018).

*Gravitational Waves*, Brian Clegg (Icon Books, 2018).

## 3   失踪的物质

*Cosmic Impact*, Andrew May (Icon Books, 2019).

*Dark Matter and the Dinosaurs*, Lisa Randall (The Bodley Head, 2015).

## 4   宇宙有多大

*Astrophysics for People in a Hurry*, Neil deGrasse Tyson (Norton, 2017).

*Before the Big Bang*, Brian Clegg (St Martin's Griffin, 2011).

*The Beginning and the End of Everything*, Paul Parsons (Michael O' Mara Books, 2018).

## 5 宇宙加速膨胀

*The 4-Percent Universe*, Richard Panek (Oneworld Publications, 2012).

*The Cosmic Web*, J.Richard Gott (Princeton University Press, 2016).

## 6 故事还在继续

The news on dark matter and dark energy changes practically weekly, though often it' s just more theories or more conflicting data.

# 致

# 谢

　　感谢英国图标书局（Icon Books）参与出版这个系列的团队，特别是邓肯·希思（Duncan Heath）、罗伯特·沙曼（Robert Sharman）和安德鲁· 弗洛（Andrew Furlow）。特别要感谢已故的帕特里克·穆尔爵士（Sir Patrick Moore），是他激发了我对天文学的兴趣；感谢剑桥大学的讲师们，让宇宙学成为我的学位课程中最鼓舞人心的课程之一。

**图书在版编目（CIP）数据**

暗物质与暗能量：寻找隐秘的未知宇宙/（英）布赖恩·克莱格（Brian Clegg）著；吴萍译.——重庆：重庆大学出版社，2020.9（2021.12重印）

（微百科系列.第二季）

书名原文：Dark Matter and Dark Energy: The Hidden 95% of the Universe

ISBN 978-7-5689-2342-2

Ⅰ.①暗… Ⅱ.①布… ②吴… Ⅲ.①暗物质—普及读物 ②宇宙学—普及读物 Ⅳ.①P145.9-49②P159-49

中国版本图书馆CIP数据核字（2020）第133039号

# 暗物质与暗能量：寻找隐秘的未知宇宙

ANWUZHI YU ANNENGLIANG：XUNZHAO YINMI DE WEIZHI YUZHOU

［英］布赖恩·克莱格（Brian Clegg） 著

吴 萍 译

懒蚂蚁策划人：王 斌

策划编辑：王 斌 敬 京　　特约编辑：张梦倩
责任编辑：张家钧　　　　　装帧设计：原豆文化
责任校对：邹 忌　　　　　责任印制：赵 晟

＊

重庆大学出版社出版发行
出版人：饶帮华
社址：重庆市沙坪坝区大学城西路21号
邮编：401331
电话：（023）88617190　88617185（中小学）
传真：（023）88617186　88617166
网址：http://www.cqup.com.cn
邮箱：fxk@cqup.com.cn（营销中心）
全国新华书店经销
重庆市正前方彩色印刷有限公司印刷

＊

开本：890mm×1240mm　1/32　印张：5.25　字数：99千
2020年9月第1版　2021年12月第2次印刷
ISBN 978-7-5689-2342-2　定价：46.00元

**大数据:**
正在改变我们生活的新信息革命

**希格斯粒子:**
上帝粒子发现之旅

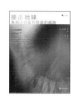

**撞击地球:**
来自小行星和彗星的威胁

**暗物质与暗能量:**
寻找隐秘的未知宇宙

**石墨烯:**
改变世界的超级材料

**引力波:**
探索宇宙奥秘的时空涟漪

**逐梦火星:**
我们的红色星球之旅

# 暗物质与暗能量
## 寻找隐秘的未知宇宙

科学家发现，构成日、月、星辰、生命、光以及人类所认知的一切的普通物质和能量，仅占宇宙全部质量的 5%，其余不可见的部分究竟是什么？这可能是科学界面临的有史以来最大的谜题。

科学家在长期的观测和研究中发现，要合理解释大量疑似违反牛顿万有引力定律的天文现象，探索宇宙正在加速膨胀的原因，最好的方法就是引入暗物质与暗能量理论。

本书介绍了暗物质与暗能量的观测证据、相关候选理论、等效质量占比，并探讨了科学家是如何寻找解决方案的。

上架建议：**科普读物**

ISBN 978-7-5689-2342-2

更多服务

9 787568 923422 >

定价：46.00元